한국 잠자리 그림검색표
A Pictorial Key of the Odonata from Korea

<Nature & Ecology> Academic Series 10

한국 잠자리 그림검색표
A Pictorial Key of the Odonata from Korea

펴낸날 | 2018년 2월 27일

지은이 | 정광수, 이종은

펴낸이 | 조영권
만든이 | 노인향
꾸민이 | 토가 김선태

펴낸곳 | 자연과생태
주소_서울 마포구 신수로 25-32, 101(구수동)
전화_02) 701-7345~6 팩스_02) 701-7347
홈페이지_www.econature.co.kr
등록_제2007-000217호

ISBN | 978-89-97429-87-5   96490

Nature & Ecology Academic Series 10

한국 잠자리
그림검색표

A Pictorial Key of the Odonata from Korea

정광수 · 이종은

Kwang-Soo JUNG · Jong-Eun LEE

자연과생태

Nature & Ecology

<Nature & Ecology> Academic Series 10

A Pictorial Key of the Odonata from Korea

by
Kwang-Soo JUNG, Jong-Eun LEE

printed in <Nature & Ecology>, Seoul

This book should be cited as following example:
JUNG, K.S., LEE, J.E, 2018, A Pictorial Key of the Odonata from Korea:
<Nature & Ecology> Academic Series 10, Nature & Ecology, pp.92

ISBN | 978-89-97429-87-5 96490

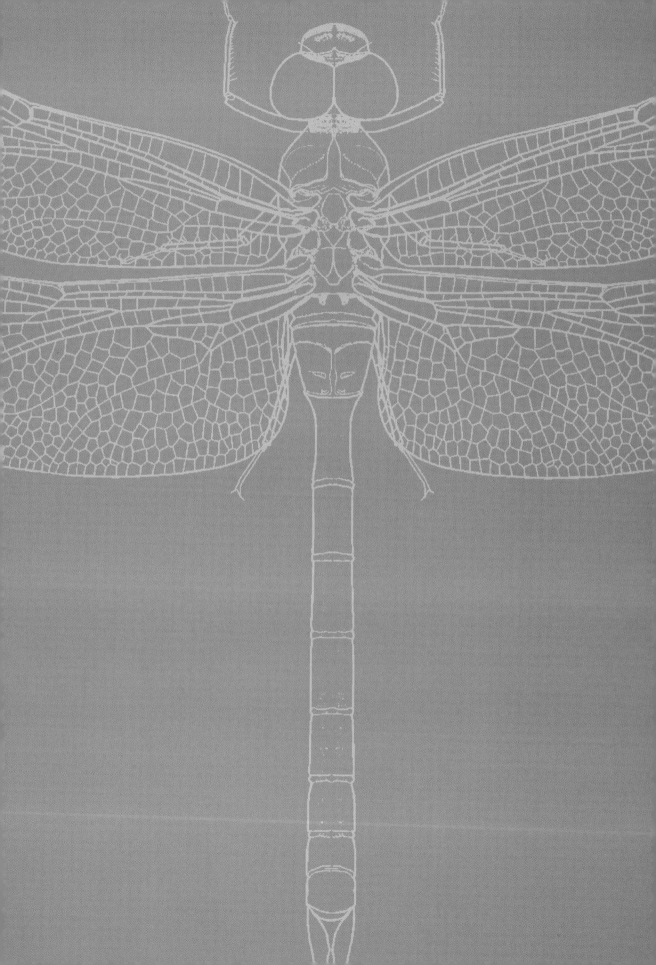

잠자리는 날개 달린 곤충 가운데 가장 오래된 곤충으로 대략 3억 2,500만 년 동안 수없이 변하는 지구 환경에 적응하며 진화해 왔다. 현재 전 세계에 3아목 39과 699속 6,218종(Martin Schorr *et al.*, 2018)이 분포하며 실잠자리아목은 28과 335속 3,121종, 옛잠자리아목은 1과 1속 3종, 잠자리아목은 10과 363속 3,094종이 있다.

잠자리는 유충 시기를 물속에서 보내고 성충이 되어서도 습지, 연못, 저수지 같은 정수성 환경과 도랑, 개울, 강 같은 유수성 환경에서 살아가는 수서곤충이자 물환경을 가늠하는 지표생물이다. 예컨대 노란잔산잠자리는 유충이 모래 퇴적층에 살아 모래 하천 생물자원으로서 중요한 역할을 한다. 그리고 도시 인근 작은 습지에 사는 대모잠자리나 산지 얕은 용출습지에 사는 꼬마잠자리를 통해서는 습지 생태계 변화를 가늠할 수 있다.

잠자리는 또한 기후변화에 가장 민감하게 반응해 서식지 분포 변화가 빠르게 나타나는 생물이기도 하다. 특히 하나잠자리는 1985년 제주도에서 처음 기록된 이래 약 30년 동안 전국 각지에서 관찰되며, 남부 지역에 주로 서식하던 연분홍실잠자리는 2010년 이후 서울을 비롯한 중부 지방에서 대규모로 관찰된다.

남한에서는 몇 년 주기로 동남아시아 등지에 서식하던 남방 계열 잠자리가 북상 이동하는 것이 관찰된다. 2011년 처음으로 남한에 기록된 남색이마잠자리는 2017년까지 남부 지방 곳곳에서 월동, 정착했다. 또한 이 책에서 처음으로 기재한 얼룩날개나비잠자리는 2016년 제주도에서 처음 관찰되었다. 향후 이 종의 남부 지방 정착 여부를 바탕으로 기후변화에 따른 생물종의 이동상을 헤아릴 수도 있으리라 생각한다.

이처럼 정확한 생물 분류는 종의 분포 변화 파악과 생태계 보존 및 생물자원 확보에 꼭 필요한 요소이다. 이 책에서는 잠자리 주요 구별 요소를 사진 분류키로 제시하고 성충 표본 사진을 첨부해 잠자리를 더욱 쉽고 정확하게 구별할 수 있도록 했다. 이 자료가 널리 쓰여 한국 잠자리 자료가 쌓이는 데 도움이 되기를 바란다.

이 책은 열악한 생물학 환경에서도 다양한 방법으로 잠자리를 연구한 선학들의 자료를 바탕으로 정리했다. 이런 자료가 있었기에 과거 기록보다 세밀하게 내용을 정리할 수 있었다. 아울러 새로운 잠자리를 발견하고 분포를 기록하는 데 많은 분이 도움을 주었다. 한국잠자리연구회 회원인 박동하 교수, 안홍균, 장재원, 서창원, 조성빈, 김재만, 이수환, 변영호 등은 한반도에서 처음으로 채집한 잠자리를, 백유현 소장은 다양한 표본을 제공해 주었다. 모든 분에게 다시금 감사 인사를 드린다.

2018년 2월
저자 일동

일러두기

- 한반도산 잠자리는 3아목 12과 60속 125종이며, 이 중 남한에는 2아목 11과 54속 103종이 분포한다.

- 한반도 잠자리 목록에 기재된 124종에서 함경도 북포태산 삼지연에서 채집된 (Fleck *et al.*, 2013) 옛잠자리아목(Anisozygoptera) *Epiophlebia sinensis*를 국명 백두산옛잠자리로 추가했으며, 전남 광양에서 채집된 점박이황등색실 잠자리(*Mortonagrion hirosei*)와 제주도에서 채집된 남방잘록허리왕잠자리 (*Gynacantha basiguttata*) 및 얼룩날개나비잠자리(*Rhyothemis variegata*) 미기록종 3종을 추가했다. 반면, 측범잠자리과(Gomphidae) 안경잡이측범 잠자리(*Gomphus occultus*)와 애측범잠자리(*Trigomphus melampus*)는 Asahina(1989b)와 Jung(2016)의 정리에 따라 오동정으로 확인되어 목록 에서 제외, 전체 종수를 125종으로 정리했다.

- 남한에 서식하는 잠자리의 그림검색표를 실었다. 다만 이 가운데 표본을 채집 하지 못한 3종(청실잠자리, 독수리잠자리, 점박이잠자리)은 사진 없이 설명만 기재했다. 담색물잠자리는 남한에 더 이상 분포하지 않는 것으로 보이며, 고 려측범잠자리는 분류학적으로 재검토할 부분이 있어 싣지 않았다.

- Jung(2007; 2011; 2012)이 북한 기록종으로 정리한 쇠측범잠자리속 (Genus *Davidius*)의 검은얼굴쇠측범잠자리(*Davidius nanus*)와 검은쇠측범 잠자리(*Davidius fujiama*)는 일본 서식종이므로 북한 기록종은 별개 종이라 여겨 *Davidius* Sp1, Sp2로 정리했다.

▌한반도 잠자리 목록

Order Odonata Fabricius, 1783 잠자리목

Suborder Zygoptera 실잠자리아목

Superfamily Calopterygoidea Tillyard, 1850 물잠자리상과

Family Calopterygidae Selys, 1850 물잠자리과

1. **Subfamily Calopteryginae Selys, 1850 물잠자리아과**

    Genus *Atrocalopteryx* Dumont, Vanfleteren, De Jonckheere & Weekers, 2005 검은물잠자리속

    1. *Atrocalopteryx atrata* Selys, 1853 검은물잠자리

    Genus *Calopteryx* Leach, 1815 물잠자리속

    2. *Calopteryx japonica* Selys, 1869 물잠자리

    Genus *Mnais* Selys, 1853 담색물잠자리속

    3. *Mnais pruinosa* Selys, 1853 담색물잠자리

    Genus *Matrona* Selys, 1853 검은날개물잠자리속

    4. *Matrona basilaris* Selys, 1853 검은날개물잠자리[+]

Superfamily Coenagrioidea Kirby, 1890 실잠자리상과

Family Coenagrionidae Kirby, 1890 실잠자리과

1. **Subfamily Coenagrioninae 실잠자리아과**

    Genus *Coenagrion* Kirby, 1890 실잠자리속

    5. *Coenagrion johanssoni* (Wallengren, 1894) 참실잠자리

    6. *Coenagrion hastulatum* (Charpentier, 1825) 북방청띠실잠자리[+]

7. *Coenagrion ecornutum* (Selys, 1872) 시골실잠자리[+]

8. *Coenagrion lanceolatum* Selys, 1872 북방실잠자리

9. *Coenagrion hylas* (Trybom, 1889) 큰실잠자리[+]

Genus *Paracercion* Weekers & Dumont, 2004 등줄실잠자리속

10. *Paracercion hieroglyphicum* (Brauer, 1865) 등줄실잠자리

11. *Paracercion melanotum* (Selys, 1876) 작은등줄실잠자리

12. *Paracercion sieboldii* (Selys, 1876) 왕등줄실잠자리

13. *Paracercion calamorum* (Ris, 1916) 등검은실잠자리

14. *Paracercion plagiosum* (Needham, 1930) 큰등줄실잠자리

15. *Paracercion v-nigrum* (Needham, 1930) 왕실잠자리

2. **Subfamily Agriocnemidinae Fraser, 1957 황등색실잠자리아과**

Genus *Mortonagrion* Fraser, 1920 황등색실잠자리속

16. *Mortonagrion selenion* (Ris, 1916) 황등색실잠자리

17. *Mortonagrion hirosei* Asahina, 1972 점박이황등색실잠자리

3. **Subfamily Ischnurinae Fraser, 1957 아시아실잠자리아과**

Genus *Ischnura* Charpentier, 1840 아시아실잠자리속

18. *Ischnura asiatica* (Brauer, 1865) 아시아실잠자리

19. *Ischnura elegans* (Van der Linden, 1823) 북방아시아실잠자리

20. *Ischnura senegalensis* (Rambur, 1842) 푸른아시아실잠자리

Genus *Aciagrion* Selys, 1891 작은실잠자리속

21. *Aciagrion migratum* (Selys, 1876) 작은실잠자리

Genus Enallagma Charpentier, 1840 알락실잠자리속

22. *Enallagma cyathigerum* (Charpentier, 1840) 알락실잠자리[+]

23. *Enallagma deserti* (Selys, 1871) 북알락실잠자리[+]

4. **Subfamily Pseudagrioninae Tillyard, 1926 노란실잠자리아과**

Genus *Ceriagrion* Selys, 1876 노란실잠자리속

24. *Ceriagrion melanurum* Selys, 1876 노란실잠자리

25. *Ceriagrion auranticum* Fraser, 1922 새노란실잠자리

26. *Ceriagrion nipponicum* Asahina, 1967 연분홍실잠자리

5. Subfamily Nehalenniinae Ishida, 2001 청동실잠자리아과

Genus *Nehalennia* Selys, 1850 청동실잠자리속

27. *Nehalennia speciosa* (Charpentier, 1840) 청동실잠자리[+]

Family Platycnemididae Tillyard, 1917 방울실잠자리과

1. Subfamily Platycnemidinae Fraser, 1929 방울실잠자리아과

Genus *Platycnemis* Burmeister, 1839 방울실잠자리속

28. *Platycnemis phyllopoda* Djakonov, 1926 방울실잠자리

Genus *Copera* Kirby, 1890 자실잠자리속

29. *Copera annulata* (Selys, 1863) 자실잠자리

30. *Copera tokyoensis* Asahina, 1948 큰자실잠자리

Superfamily Lestoidea Fraser, 1957 청실잠자리상과

Family Lestidae Calvert, 1901 청실잠자리과

1. Subfamily Lestinae Calvert, 1901 청실잠자리아과

Genus *Lestes* Leach, 1815 청실잠자리속

31. *Lestes sponsa* (Hansemann, 1823) 청실잠자리

32. *Lestes japonicus* Selys, 1883 좀청실잠자리

33. *Lestes temporalis* Selys, 1883 큰청실잠자리

34. *Lestes dryas* Kirby, 1890 북청실잠자리[+]

2. Subfamily Sympecmatinae Fraser, 1951 묵은실잠자리아과

Genus *Sympecma* Burmeister, 1839 묵은실잠자리속

35. *Sympecma paedisca* (Brauer, 1877) 묵은실잠자리

Genus *Indolestes* Fraser, 1922 가는실잠자리속

36. *Indolestes peregrinus* (Ris, 1916) 가는실잠자리

Suborder Anisozygoptera 옛잠자리아목

Superfamily Epiophlebioidea 옛잠자리상과

Family Epiophlebiidae 옛잠자리과

Genus *Epiophlebia* 옛잠자리속

37. *Epiophlebia sinensis* Li & Nel, 2011 백두산옛잠자리[+]

Suborder Anisoptera 잠자리아목

Superfamily Aeshnoidea Tillyard & Fraser, 1940 왕잠자리상과

Family Aeshnidae Rambur, 1842 왕잠자리과

1. **Subfamily Brachytroninae Tillyard & Fraser, 1840 긴무늬왕잠자리아과**

Genus *Boyeria* McLachlan, 1896 개미허리왕잠자리속

38. *Boyeria maclachlani* Selys, 1883 개미허리왕잠자리

39. *Boyeria jamjari* Jung, 2011 한국개미허리왕잠자리

Genus *Sarasaeschna* Karube & Yeh, 2001 한라별왕잠자리속

40. *Sarasaeschna pryeri* (Martin, 1909) 한라별왕잠자리

Genus *Aeschnophlebia* Selys, 1883 긴무늬왕잠자리속

41. *Aeschnophlebia longistigma* Selys, 1883 긴무늬왕잠자리

42. *Aeschnophlebia anisoptera* Selys, 1883 큰무늬왕잠자리

2. **Subfamily Aeshninae Rambur, 1842 왕잠자리아과**

Genus *Aeshna* Fabricius, 1775 별박이왕잠자리속

43. *Aeshna juncea* (Linnaeus, 1758) 별박이왕잠자리

44. *Aeshna mixta* Latreille, 1805 애별박이왕잠자리

45. *Aeshna crenata* Hagen, 1856 참별박이왕잠자리

Genus *Anaciaeschna* Selys, 1878 도깨비왕잠자리속

46. *Anaciaeschna martini* (Selys, 1897) 도깨비왕잠자리

Genus *Anax* Leach, 1815 왕잠자리속

47. *Anax guttatus* (Burmeister, 1839) 남방왕잠자리

48. *Anax parthenope* julius (Brauer, 1869) 왕잠자리

49. *Anax nigrofasciatus* Oguma, 1915 먹줄왕잠자리

Genus *Polycanthagyna* Fraser, 1933 황줄왕잠자리속

50. *Polycanthagyna melanictera* (Selys, 1883) 황줄왕잠자리

Genus *Gynacantha* Rambur, 1842 잘록허리왕잠자리속

51. *Gynacantha japonica* Bartenef, 1909 잘록허리왕잠자리

52. *Gynacantha basiguttata* Selys, 1882 남방잘록허리왕잠자리

Superfamily Gomphoidea Rambur, 1842 측범잠자리상과

Family Gomphidae Rambur, 1842 측범잠자리과

1. **Subfamily Gomphinae Selys, 1858 측범잠자리아과**

Genus *Anisogomphus* Selys, 1858 마아키측범잠자리속

53. *Anisogomphus maacki* (Selys, 1872) 마아키측범잠자리

Genus *Shaogomphus* (Leach, 1815) 어리측범잠자리속

54. *Shaogomphus postocularis* (Selys, 1869) 어리측범잠자리

Genus *Stylurus* Needham, 1897 호리측범잠자리속

55. *Stylurus annulatus* (Djakonov, 1926) 호리측범잠자리

Genus *Burmagomphus* Williamson, 1907 자루측범잠자리속

56. *Burmagomphus collaris* (Needham, 1930) 자루측범잠자리

Genus *Asiagomphus* Asahina, 1985 산측범잠자리속

57. *Asiagomphus coreanus* (Doi et Okumura, 1937) 노란배측범잠자리

58. *Asiagomphus melanopsoides* (Doi, 1943) 산측범잠자리

2. **Subfamily Octogomphinae Carles & Cook, 1984 쇠측범잠자리아과**

Genus *Davidius* Selys, 1878 쇠측범잠자리속

59 *Davidius lunatus* (Bartenef, 1914) 쇠측범잠자리

60. *Davidius* Sp1 검은얼굴쇠측범잠자리[+]

61. *Davidius* Sp2 검은쇠측범잠자리[+]

Genus *Trigomphus* Bartenev, 1911 가시측범잠자리속

62. *Trigomphus nigripes* (Selys, 1887) 검정측범잠자리

63. *Trigomphus citimus* (Needham, 1931) 가시측범잠자리

3. **Subfamily Onychogomphinae Chao, 1984 노란측범잠자리아과**

Genus *Lamelligomphus* Selys, 1854 노란측범잠자리속

64. *Lamelligomphus ringens* (Needham, 1930) 노란측범잠자리

Genus *Onychogomphus* Selys, 1854 측범잠자리속

65. *Ophiogomphus obscurus* Bartenef, 1909 측범잠자리

Genus *Nihonogomphus* Oguma, 1926 고려측범잠자리속

66. *Nihonogomphus ruptus* (Selys & Hagen 1858) 고려측범잠자리

67. *Nihonogomphus minor* Doi, 1943 꼬마측범잠자리

4. **Subfamily Hageniinae Davies & Tobin, 1985 어리장수잠자리아과**

Genus *Sieboldius* Selys, 1854 어리장수잠자리속

68. *Sieboldius albardae* Selys, 1886 어리장수잠자리

5. **Subfamily Lindeniinae Selys, 1854 부채장수잠자리아과**

Genus *Gomphidia* Selys, 1854 어리부채장수잠자리속

69. *Gomphidia confluens* Selys, 1878 어리부채장수잠자리

Genus *Sinictinogomphus* Fraser, 1939 부채장수잠자리속

70. *Sinictinogomphus clavatus* (Fabricius, 1775) 부채장수잠자리

Superfamily Cordulegastroidea Tillyard, 1917 장수잠자리상과

Family Cordulegastridae Banks, 1892 장수잠자리과

1. **Subfamily Cordulegastrinae Calvert, 1893 장수잠자리아과**

Genus *Anotogaster* Selys, 1854 장수잠자리속

71. *Anotogaster sieboldii* (Selys, 1854) 장수잠자리

Family Chlorogomphidae Tillyard, 1917 독수리잠자리과

1. **Subfamily Chlorogomphina Calvert, 1893 독수리잠자리아과**

Genus *Chlorogomphus* Selys, 1854 독수리잠자리속

72. *Chlorogomphus brunneus* Oguma, 1926 독수리잠자리

Superfamily Libelluloidea Selys, 1840 잠자리상과

Family Corduliidae Karsch, 1854 청동잠자리과

    1. **Subfamily Corduliinae Kirby, 1890 청동잠자리아과**

Genus *Cordulia* Leach, 1815 청동잠자리속

      73. *Cordulia aenea* (Linnaeus, 1758) 청동잠자리[+]

Genus *Epitheca* Burmeister, 1839 언저리잠자리속

      74. *Epitheca marginata* (Selys, 1883) 언저리잠자리

Genus *Somatochlora* Selys, 1871 북방잠자리속

      75. *Somatochlora alpestris* (Selys, 1840) 북방잠자리[+]

      76. *Somatochlora arctica* (Zetterstedt, 1840) 밑노란잠자리붙이[+]

      77. *Somatochlora metallica* (Vander Linden, 1825) 참북방잠자리

      78. *Somatochlora viridiaenea* (Uhler, 1858) 삼지연북방잠자리

      79. *Somatochlora graeseri* (Selys, 1887) 밑노란잠자리

      80. *Somatochlora japonica* Matsumura, 1911 북해도북방잠자리[+]

      81. *Somatochlora clavata* Oguma, 1913 백두산북방잠자리

Family Macromiidae Needham, 1903 잔산잠자리과

    1. **Subfamily Macromiinae Tillyard, 1917 잔산잠자리아과**

Genus *Epophthalmia* Burmeister, 1839 산잠자리속

      82. *Epophthalmia elegans* Brauer, 1865 산잠자리

Genus *Macromia* Rambur, 1842 잔산잠자리속

      83. *Macromia amphigena* Selys, 1871 잔산잠자리

      84. *Macromia daimoji* Okumura, 1949 노란잔산잠자리

      85. *Macromia manchurica* Asahina, 1964 만주잔산잠자리

Family Libellulidae Selys, 1840 잠자리과

    1. **Subfamily Libellulinae Rambur, 1842 잠자리아과**

Genus *Libellula* Linnaeus, 1758 대모잠자리속

      86. *Libellula angelina* Selys, 1883 대모잠자리

      87. *Libellula quadrimaculata* Linnaeus, 1758 넉점박이잠자리

Genus *Orthetrum* Newman, 1833 밀잠자리속

      88. *Orthetrum albistylum* (Selys, 1848) 밀잠자리

89. *Orthetrum japonicum* (Uhler, 1858) 중간밀잠자리

90. *Orthetrum melania* (Selys, 1883) 큰밀잠자리

91. *Orthetrum lineostigma* (Selys, 1886) 홀쭉밀잠자리

Genus *Nannophya* Rambur, 1842 꼬마잠자리속

92. *Nannophya pygmaea* Rambur, 1842 꼬마잠자리

Genus *Lyriothemis* Brauer, 1868 배치레잠자리속

93. *Lyriothemis pachygastra* (Selys, 1878) 배치레잠자리

2. **Subfamily Brachydiplacinae Tillyard, 1917 남색이마잠자리아과**

Genus *Brachydiplax* Brauer, 1868 남색이마잠자리속

94. *Brachydiplax chalybea* Ris, 1911 남색이마잠자리

3. **Subfamily Sympetrinae Tillyard, 1917 좀잠자리아과**

Genus *Crocothemis* Brauer, 1868 고추잠자리속

95. *Crocothemis servilia* (Kiauta, 1983) 고추잠자리

Genus *Deielia* Kirby, 1889 밀잠자리붙이속

96. *Deielia phaon* (Selys, 1883) 밀잠자리붙이

Genus *Sympetrum* Newman, 1833 좀잠자리속

97. *Sympetrum pedemontanum* (Selys, 1872) 날개띠좀잠자리

98. *Sympetrum striolatum* (Charpentier, 1840) 대륙좀잠자리

99. *Sympetrum darwinianum* (Selys, 1883) 여름좀잠자리

100. *Sympetrum frequens* (Selys, 1883) 고추좀잠자리

101. *Sympetrum depressiusculum* (Selys, 1841) 대륙고추좀잠자리

102. *Sympetrum eroticum* (Selys, 1883) 두점박이좀잠자리

103. *Sympetrum croceolum* (Selys, 1883) 노란잠자리

104. *Sympetrum uniforme* (Selys, 1883) 진노란잠자리

105. *Sympetrum infuscatum* (Selys, 1883) 깃동잠자리

106. *Sympetrum baccha* (Selys, 1884) 산깃동잠자리

107. *Sympetrum risi* Bartenef, 1914 들깃동잠자리

108. *Sympetrum kunckeli* (Selys, 1884) 흰얼굴좀잠자리

109. *Sympetrum fonscolombei* (Selys, 1840) 두점배좀잠자리

110. *Sympetrum parvulum* Bartenef, 1912 애기좀잠자리

111. *Sympetrum speciosum* Oguma, 1915 하나잠자리

112. *Sympetrum cordulegaster* (Selys, 1883) 긴꼬리고추잠자리

113. *Sympetrum flaveolum* (Linnaeus, 1758) 붉은좀잠자리[+]

114. *Sympetrum vulgatum imitans* (Selys, 1886) 만주좀잠자리[+]

115. *Sympetrum danae* (Sulzer, 1776) 검정좀잠자리[+]

116. *Sympetrum onsupyongensis* Hong et Hwang, 1999 온수평좀잠자리[+]

117. *Sympetrum pochonboensis* Lee et Hong, 2001 보천보좀잠자리[+]

4. Subfamily Leucorrhiniinae Tillyard, 1917 진주잠자리아과

Genus *Leucorrhinia* Brittinger, 1850 진주잠자리속

118. *Leucorrhinia dubia* Van der Linden, 1825 진주잠자리[+]

119. *Leucorrhinia intermedia* Bartenef, 1912 큰진주잠자리[+]

5. Subfamily Trithemistinae Tillyard, 1917 노란허리잠자리아과

Genus *Pseudothemis* Kirby, 1889 노란허리잠자리속

120. *Pseudothemis zonata* (Burmeister, 1839) 노란허리잠자리

6. Subfamily Trameinae Tillyard, 1917 날개잠자리아과

Genus *Tholymis* Hagen, 1867 점박이잠자리속

121. *Tholymis tillarga* (Fabricius, 1798) 점박이잠자리

Genus *Tramea* Hagen, 1861 날개잠자리속

122. *Tramea virginia* (Rambur, 1842) 날개잠자리

Genus *Pantala* Hagen, 1861 된장잠자리속

123. *Pantala flavescens* (Fabricius, 1798) 된장잠자리

Genus *Rhyothemis* Hagen, 1867 나비잠자리속

124. *Rhyothemis fuliginosa* Selys, 1883 나비잠자리

125. *Rhyothemis variegata* (Linnaeus, 1763) 얼룩날개나비잠자리

+: 북한 서식(22종)

실잠자리아목과 잠자리아목 형태 비교

윗면 비교

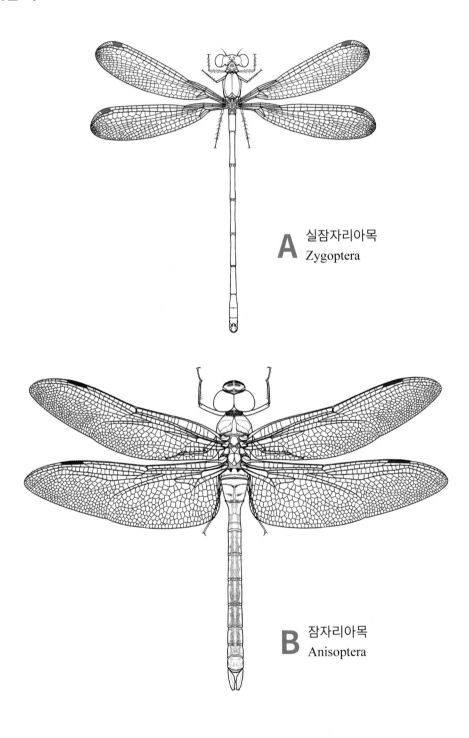

A 실잠자리아목
Zygoptera

B 잠자리아목
Anisoptera

부위 명칭

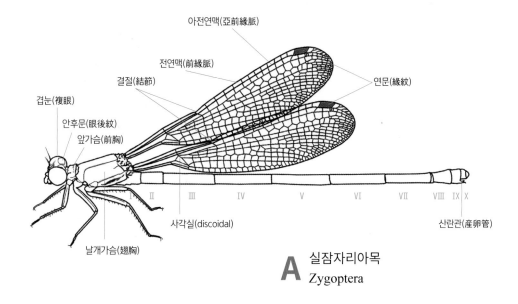

아전연맥(亞前緣脈)

전연맥(前緣脈)

결절(結節)

연문(緣紋)

겹눈(複眼)

안후문(眼後紋)

앞가슴(前胸)

Ⅰ Ⅱ　　Ⅲ　　　Ⅳ　　　　Ⅴ　　　Ⅵ　　　Ⅶ　　Ⅷ Ⅸ Ⅹ

사각실(discoidal)

산란관(産卵管)

날개가슴(翅胸)

A 실잠자리아목
Zygoptera

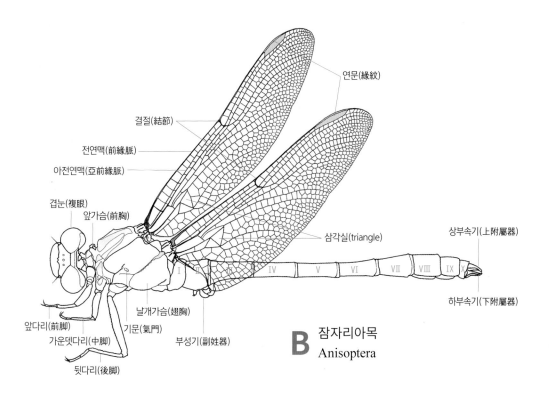

연문(緣紋)

결절(結節)

전연맥(前緣脈)

아전연맥(亞前緣脈)

겹눈(複眼)

앞가슴(前胸)

삼각실(triangle)

상부속기(上附屬器)

Ⅰ Ⅱ Ⅲ　Ⅳ　　Ⅴ　　Ⅵ　　Ⅶ　Ⅷ　Ⅸ Ⅹ

하부속기(下附屬器)

앞다리(前脚)

날개가슴(翅胸)

가운뎃다리(中脚)

기문(氣門)

부성기(副姓器)

B 잠자리아목
Anisoptera

뒷다리(後脚)

그림검색표

Pictorial Key

아목 및 과 분류
Suborder and Family

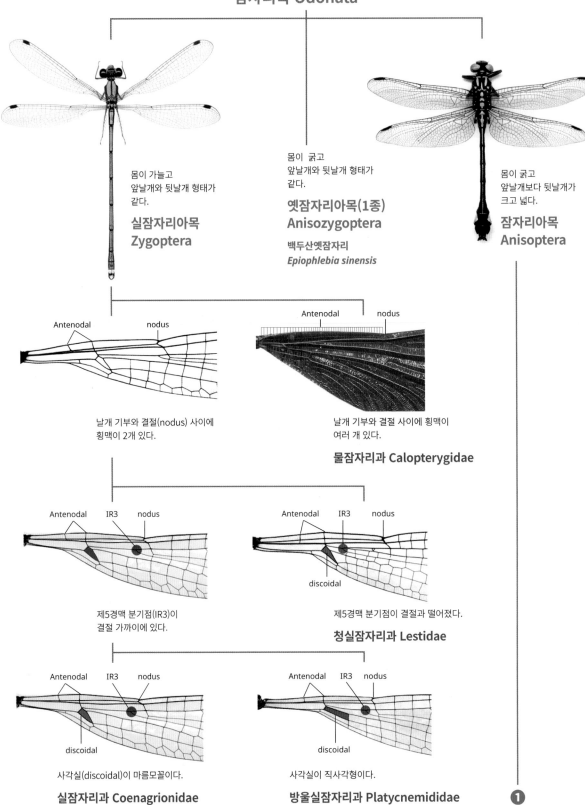

잠자리목 Odonata

몸이 가늘고
앞날개와 뒷날개 형태가
같다.

실잠자리아목
Zygoptera

몸이 굵고
앞날개와 뒷날개 형태가
같다.

옛잠자리아목(1종)
Anisozygoptera

백두산옛잠자리
Epiophlebia sinensis

몸이 굵고
앞날개보다 뒷날개가
크고 넓다.

잠자리아목
Anisoptera

Antenodal   nodus

Antenodal   nodus

날개 기부와 결절(nodus) 사이에
횡맥이 2개 있다.

날개 기부와 결절 사이에 횡맥이
여러 개 있다.

물잠자리과 Calopterygidae

Antenodal IR3 nodus

Antenodal IR3 nodus

discoidal

제5경맥 분기점(IR3)이
결절 가까이에 있다.

제5경맥 분기점이 결절과 떨어졌다.

청실잠자리과 Lestidae

Antenodal IR3 nodus

Antenodal IR3 nodus

discoidal

discoidal

사각실(discoidal)이 마름모꼴이다.

사각실이 직사각형이다.

실잠자리과 Coenagrionidae

방울실잠자리과 Platycnemididae

❶

❶ 잠자리아목 Anisoptera

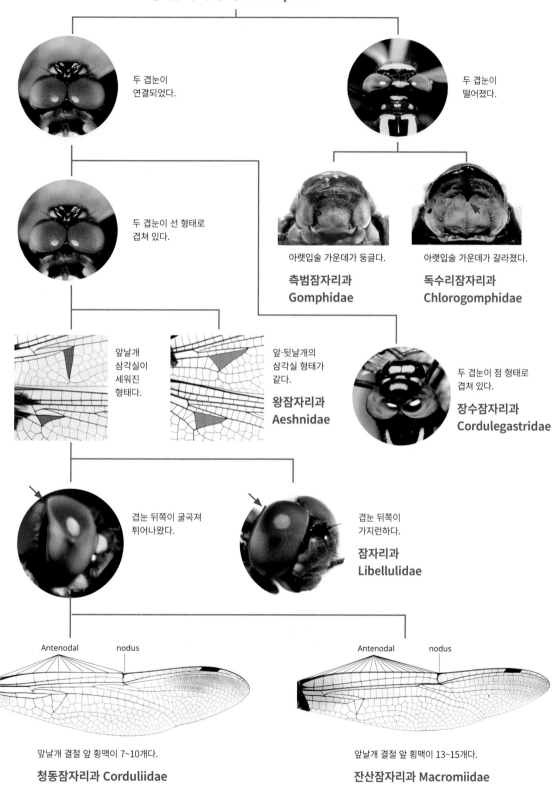

두 겹눈이 연결되었다.

두 겹눈이 떨어졌다.

두 겹눈이 선 형태로 겹쳐 있다.

아랫입술 가운데가 둥글다.

측범잠자리과 Gomphidae

아랫입술 가운데가 갈라졌다.

독수리잠자리과 Chlorogomphidae

앞날개 삼각실이 세워진 형태다.

앞·뒷날개의 삼각실 형태가 같다.

왕잠자리과 Aeshnidae

두 겹눈이 점 형태로 겹쳐 있다.

장수잠자리과 Cordulegastridae

겹눈 뒤쪽이 굴곡져 튀어나왔다.

겹눈 뒤쪽이 가지런하다.

잠자리과 Libellulidae

Antenodal   nodus

앞날개 결절 앞 횡맥이 7~10개다.

청동잠자리과 Corduliidae

Antenodal   nodus

앞날개 결절 앞 횡맥이 13~15개다.

잔산잠자리과 Macromiidae

속 및 종 분류
Genus and Species

물잠자리과 Calopterygidae

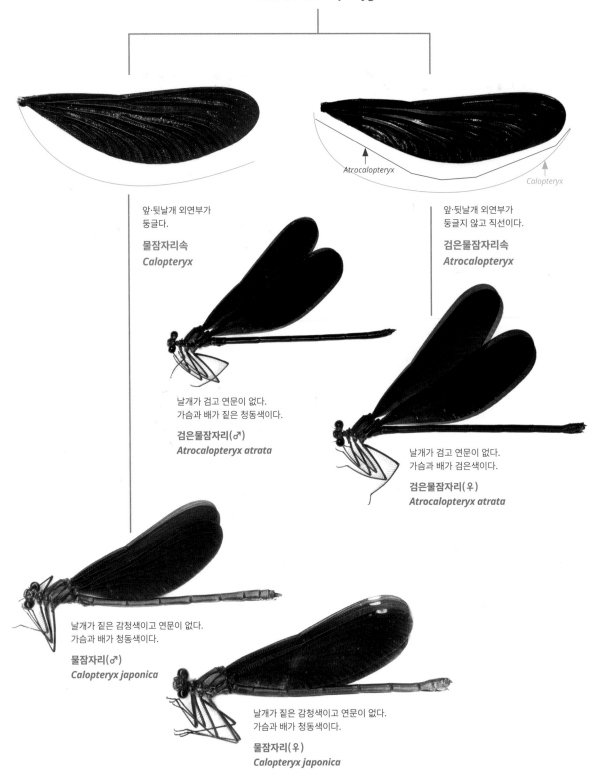

Atrocalopteryx

Calopteryx

앞·뒷날개 외연부가
둥글다.

물잠자리속
Calopteryx

앞·뒷날개 외연부가
둥글지 않고 직선이다.

검은물잠자리속
Atrocalopteryx

날개가 검고 연문이 없다.
가슴과 배가 짙은 청동색이다.

검은물잠자리(♂)
Atrocalopteryx atrata

날개가 검고 연문이 없다.
가슴과 배가 검은색이다.

검은물잠자리(우)
Atrocalopteryx atrata

날개가 짙은 감청색이고 연문이 없다.
가슴과 배가 청동색이다.

물잠자리(♂)
Calopteryx japonica

날개가 짙은 감청색이고 연문이 없다.
가슴과 배가 청동색이다.

물잠자리(우)
Calopteryx japonica

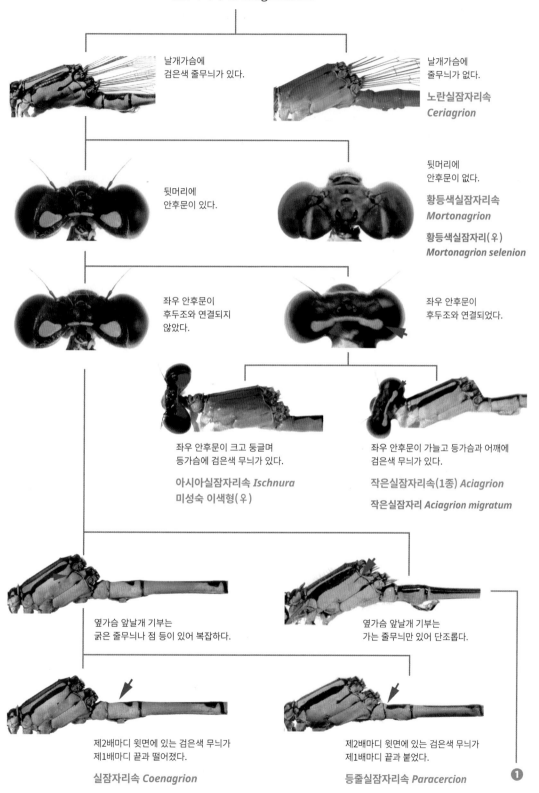

실잠자리과 Coenagrionidae

날개가슴에
검은색 줄무늬가 있다.

날개가슴에
줄무늬가 없다.

노란실잠자리속
Ceriagrion

뒷머리에
안후문이 있다.

뒷머리에
안후문이 없다.

황등색실잠자리속
Mortonagrion

황등색실잠자리(우)
Mortonagrion selenion

좌우 안후문이
후두조와 연결되지
않았다.

좌우 안후문이
후두조와 연결되었다.

좌우 안후문이 크고 둥글며
등가슴에 검은색 무늬가 있다.

좌우 안후문이 가늘고 등가슴과 어깨에
검은색 무늬가 있다.

아시아실잠자리속 *Ischnura*
미성숙 이색형(우)

작은실잠자리속(1종) *Aciagrion*

작은실잠자리 *Aciagrion migratum*

옆가슴 앞날개 기부는
굵은 줄무늬나 점 등이 있어 복잡하다.

옆가슴 앞날개 기부는
가는 줄무늬만 있어 단조롭다.

제2배마디 윗면에 있는 검은색 무늬가
제1배마디 끝과 떨어졌다.

제2배마디 윗면에 있는 검은색 무늬가
제1배마디 끝과 붙었다.

실잠자리속 *Coenagrion*

등줄실잠자리속 *Paracercion*

❶

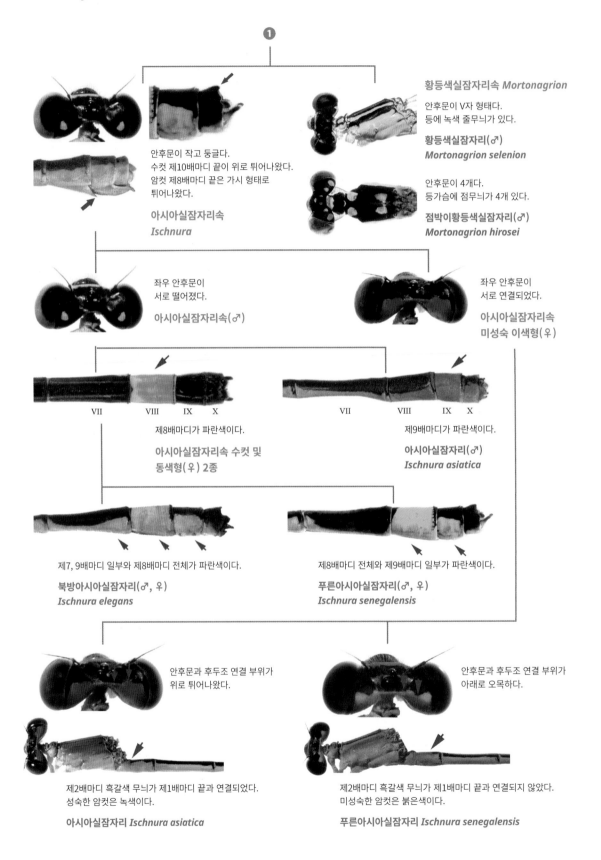

안후문이 작고 둥글다.
수컷 제10배마디 끝이 위로 튀어나왔다.
암컷 제8배마디 끝은 가시 형태로
튀어나왔다.

아시아실잠자리속
Ischnura

황등색실잠자리속 *Mortonagrion*

안후문이 V자 형태다.
등에 녹색 줄무늬가 있다.

황등색실잠자리(♂)
Mortonagrion selenion

안후문이 4개다.
등가슴에 점무늬가 4개 있다.

점박이황등색실잠자리(♂)
Mortonagrion hirosei

좌우 안후문이
서로 떨어졌다.

아시아실잠자리속(♂)

좌우 안후문이
서로 연결되었다.

**아시아실잠자리속
미성숙 이색형(♀)**

VII   VIII   IX   X

제8배마디가 파란색이다.

**아시아실잠자리속 수컷 및
동색형(♀) 2종**

VII   VIII   IX   X

제9배마디가 파란색이다.

아시아실잠자리(♂)
Ischnura asiatica

제7, 9배마디 일부와 제8배마디 전체가 파란색이다.

북방아시아실잠자리(♂, ♀)
Ischnura elegans

제8배마디 전체와 제9배마디 일부가 파란색이다.

푸른아시아실잠자리(♂, ♀)
Ischnura senegalensis

안후문과 후두조 연결 부위가
위로 튀어나왔다.

제2배마디 흑갈색 무늬가 제1배마디 끝과 연결되었다.
성숙한 암컷은 녹색이다.

아시아실잠자리 *Ischnura asiatica*

안후문과 후두조 연결 부위가
아래로 오목하다.

제2배마디 흑갈색 무늬가 제1배마디 끝과 연결되지 않았다.
미성숙한 암컷은 붉은색이다.

푸른아시아실잠자리 *Ischnura senegalensis*

노란실잠자리속 *Ceriagrion*

수컷은
붉은색이다.
암컷은
옅은 주황색이다.

수컷은 노란색이며
제7~10배마디 윗면에
흑갈색 무늬가 있다.
암컷은 전체적으로
녹색이며 무늬가 없다.

노란실잠자리
Ceriagrion melanurum

성숙한 수컷 머리는 붉은색이다.
상하 부속기 길이가 비슷하며 하부속기 안쪽에
작은 돌기가 있다.
암컷은 뒷머리가 밝은 주황색이고 배 끝에
검은색 무늬가 없다.

연분홍실잠자리
Ceriagrion nipponicum

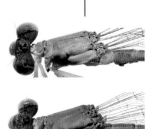

성숙한 수컷 머리는 녹색이다.
상부속기는 넓고 둥글며 하부속기 길이가 더 길다.
성숙한 암컷은 머리와 가슴이 녹색이고
제8~10배마디에 검은색 무늬가 있다.

새노란실잠자리
Ceriagrion auranticum

실잠자리속 *Coenagrion*

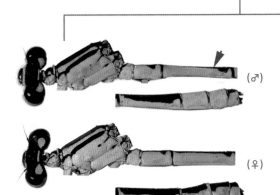

(♂)

(우)

수컷 제2~7배마디 윗면에 검은색 무늬가 있다.
제8, 9배마디 전체와 제10배마디 일부가 파란색이다.
암컷 제2~10배마디 윗면에 검은색 무늬가 있다.

북방실잠자리
Coenagrion lanceolatum

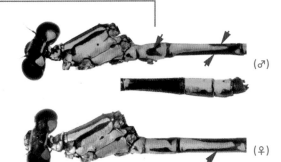

(♂)

(우)

수컷 제2~7배마디 윗면과 아랫면에 검은색 무늬가 있다.
제8, 9배마디는 파란색, 제10배마디는 검은색이다.
암컷 제2~7배마디 윗면과 아랫면에 검은색 무늬가 있고
제8, 9배마디 일부에도 검은색 무늬가 나타난다.

참실잠자리 *Coenagrion johanssoni*

등줄실잠자리속 *Paracercion*

안후문 사이에
후두조(뒷머리선)가 있다.

안후문 사이에
후두조(뒷머리선)가 없다.
암컷 어깨에 있는 검은색 무늬 안에
가는 갈색 줄무늬가 하나 있다.
수컷 제8, 9배마디가 파란색이며
제8배마디에 V자 무늬가 있다.

등검은실잠자리
Paracercion calamorum

날개가슴 어깨에 있는
검은색 줄무늬가
가는 선으로 분리되었다.

날개가슴 어깨에 있는
검은색 줄무늬가
분리되지 않았다.

크기는 32mm 내외다.
수컷 제8, 9배마디가
파란색이다.

크기는 40mm 내외다.
수컷 배마디 전체가 검은색이다.

큰등줄실잠자리
Paracercion plagiosum

수컷 어깨에 있는 검은색 무늬 안에
가느다란 녹색 줄무늬가 2줄 있다.
제8~10배마디가 푸른색이다.

수컷 어깨에 있는 검은색 무늬 안
녹색 줄무늬 2개 중 아래 무늬가
더 짧다.

제8배마디에 V자 무늬가 있다.

암컷 안후문이 뒷머리의 1/2보다 크고
제2배마디 윗면에 검은색 무늬가 거의 없다.

등줄실잠자리
Paracercion hieroglyphicum

암컷 안후문이 뒷머리의 1/2 정도이고
제2배마디 윗면에 검은색 무늬가 뚜렷하다.

왕실잠자리
Paracercion v-nigrum

수컷 제8배마디 윗면에 커다란 V자 무늬가 있다.
암컷 안후문은 물방울 형태다.

왕등줄실잠자리
Paracercion sieboldii

수컷 제8~10배마디가 파란색이고 무늬가 없다.
암컷 안후문은 가늘다.

작은등줄실잠자리
Paracercion melanotum

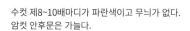

방울실잠자리과 Platycnemididae

후두조가 없고 홑눈 주위에 반점이 있다.
수컷 종아리마디 가운데가 흰색이다.
제9배마디 혹은 제10배마디가
밝은 파란색이다.

자실잠자리속
Copera

후두조가 길게 나타난다.
수컷 가운뎃다리와 뒷다리 종아리마디에
방울 형태 구조물이 있다.
제1~10배마디는 흑갈색이다.

방울실잠자리속(1종)
Platycnemis

방울실잠자리
Platycnemis phyllopoda

어깨 줄무늬(견봉선)가 굵고 뚜렷하다.
수컷 제9, 10배마디와 암컷 제10배마디가
밝은 파란색이다.

자실잠자리
Copera annulata

어깨 줄무늬(견봉선)가 가늘고 수컷은
성숙하면 이 줄무늬가 사라진다.
수컷 제10배마디는 밝은 갈색이며
암컷에서는 색이 나타나지 않는다.

큰자실잠자리
Copera tokyoensis

청실잠자리과 Lestidae

갈색 또는 하늘색이다.

청동색 광택이 있고 녹색이다.
성숙한 개체에서는 흰색 분이 나타나기도 한다.
날개는 접지 않고 펴고 있다.

청실잠자리속 *Lestes*

날개가슴 옆면에
흑갈색 줄무늬가 있다.

날개가슴 옆면에
흑갈색 반점이 있다.

날개를 접으면
앞날개 연문이 뒷날개 연문과
겹치지 않는다.

묵은실잠자리속(1종)
Sympecma

묵은실잠자리
Sympecma paedisca

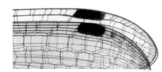

날개를 접으면
앞날개 연문이 뒷날개 연문과
겹친다.

가는실잠자리속(1종)
Indolestes

가는실잠자리
Indolestes peregrinus

날개가슴에 있는 흑갈색 무늬가
기부 쪽으로 늘어진다.

수컷 제9, 10배마디는 회색이고
암컷은 제10배마디가 회색이다

좀청실잠자리
Lestes japonicus

수컷 하부속기는 짧고
끝이 바깥으로 굽었다.
수컷 제10배마디가 회색이며
암컷은 전체가 청동색이다.

큰청실잠자리
Lestes temporalis

채집하지 못함

청실잠자리
Lestes sponsa

왕잠자리과 Aeshnidae

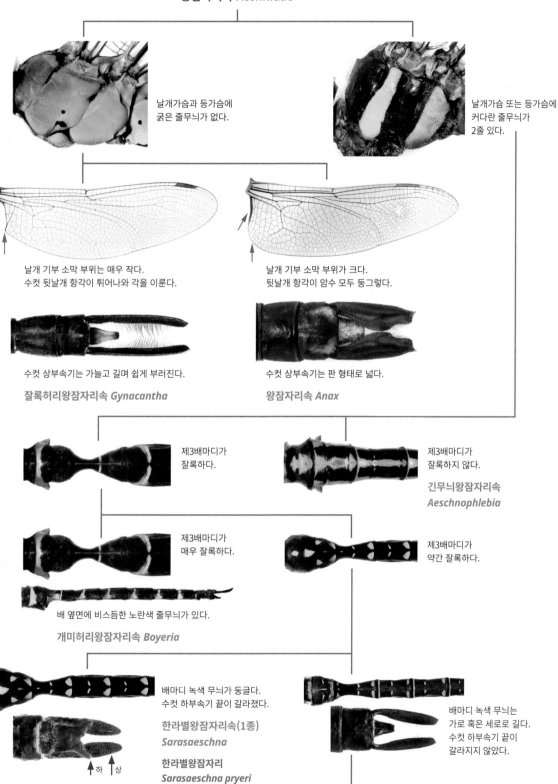

날개가슴과 등가슴에
굵은 줄무늬가 없다.

날개가슴 또는 등가슴에
커다란 줄무늬가
2줄 있다.

날개 기부 소막 부위는 매우 작다.
수컷 뒷날개 항각이 튀어나와 각을 이룬다.

날개 기부 소막 부위가 크다.
뒷날개 항각이 암수 모두 둥그렇다.

수컷 상부속기는 가늘고 길며 쉽게 부러진다.

수컷 상부속기는 판 형태로 넓다.

잘록허리왕잠자리속 *Gynacantha*

왕잠자리속 *Anax*

제3배마디가
잘록하다.

제3배마디가
잘록하지 않다.

**긴무늬왕잠자리속
*Aeschnophlebia***

제3배마디가
매우 잘록하다.

제3배마디가
약간 잘록하다.

배 옆면에 비스듬한 노란색 줄무늬가 있다.

개미허리왕잠자리속 *Boyeria*

배마디 녹색 무늬가 둥글다.
수컷 하부속기 끝이 갈라졌다.

배마디 녹색 무늬는
가로 혹은 세로로 길다.
수컷 하부속기 끝이
갈라지지 않았다.

**한라별왕잠자리속(1종)
*Sarasaeschna***

**한라별왕잠자리
*Sarasaeschna pryeri***

↑하 ↑상

①

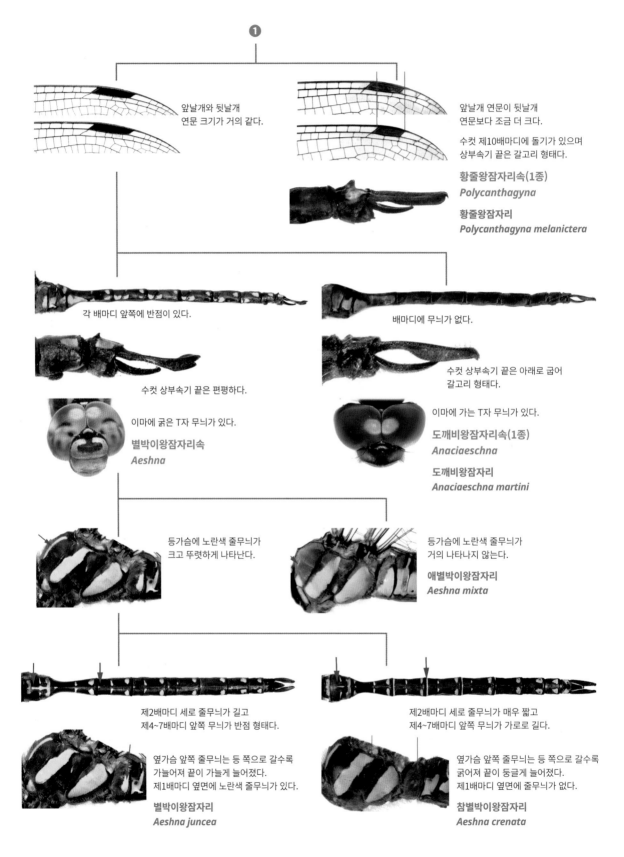

앞날개와 뒷날개
연문 크기가 거의 같다.

앞날개 연문이 뒷날개
연문보다 조금 더 크다.

수컷 제10배마디에 돌기가 있으며
상부속기 끝은 갈고리 형태다.

황줄왕잠자리속(1종)
Polycanthagyna

황줄왕잠자리
Polycanthagyna melanictera

각 배마디 앞쪽에 반점이 있다.

배마디에 무늬가 없다.

수컷 상부속기 끝은 편평하다.

수컷 상부속기 끝은 아래로 굽어
갈고리 형태다.

이마에 굵은 T자 무늬가 있다.

이마에 가는 T자 무늬가 있다.

별박이왕잠자리속
Aeshna

도깨비왕잠자리속(1종)
Anaciaeschna

도깨비왕잠자리
Anaciaeschna martini

등가슴에 노란색 줄무늬가
크고 뚜렷하게 나타난다.

등가슴에 노란색 줄무늬가
거의 나타나지 않는다.

애별박이왕잠자리
Aeshna mixta

제2배마디 세로 줄무늬가 길고
제4~7배마디 앞쪽 무늬가 반점 형태다.

제2배마디 세로 줄무늬가 매우 짧고
제4~7배마디 앞쪽 무늬가 가로로 길다.

옆가슴 앞쪽 줄무늬는 등 쪽으로 갈수록
가늘어져 끝이 가늘게 늘어졌다.
제1배마디 옆면에 노란색 줄무늬가 있다.

옆가슴 앞쪽 줄무늬는 등 쪽으로 갈수록
굵어져 끝이 둥글게 늘어졌다.
제1배마디 옆면에 줄무늬가 없다.

별박이왕잠자리
Aeshna juncea

참별박이왕잠자리
Aeshna crenata

긴무늬왕잠자리속 *Aeschnophlebia*

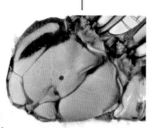

날개가슴 대부분이
녹색이다.

날개가슴에
검은색 줄무늬가 있다.

배에 녹색 부분이 많고 배 윗면에
굵고 검은 줄무늬가 나타난다.

긴무늬왕잠자리
Aeschnophlebia longistigma

배는 대부분 검은색이고 가운데에
일부 노란색이 나타난다.

큰무늬왕잠자리
Aeschnophlebia anisoptera

왕잠자리속 *Anax*

날개가슴에
검은색 줄무늬가 없다.

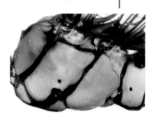

날개가슴에
검은색 줄무늬가 있다.

수컷 하부속기는
제10배마디 길이와 비슷하다.

먹줄왕잠자리
Anax nigrofasciatus

배 옆면에 긴 직사각형
무늬가 있다.

수컷 하부속기는 매우 짧아
제10배마디의 1/4 정도다.

왕잠자리
Anax parthenope julius

배 옆면에
둥근 반점 있다.

수컷 하부속기는 제10배마디
길이와 거의 같다.

남방왕잠자리
Anax guttatus

개미허리왕잠자리속 *Boyeria*

옆가슴에 있는
노란색 줄무늬가 가늘고
가운데에 노란색 반점이
없다.

옆가슴에 있는
노란색 줄무늬가 굵고
가운데에 노란색 반점이
있다.

수컷 상부속기 안쪽이
부드럽게 휘었다.

수컷 상부속기 안쪽이
직선으로 곧게 뻗었다.

상부속기 아랫면에
튀어나온 부위가 있어
각졌다.

개미허리왕잠자리
Boyeria maclachlani

상부속기 아랫면에
튀어나온 부위가
없다.

한국개미허리왕잠자리
Boyeria jamjari

잘록허리왕잠자리속 *Gynacantha*

배마디 앞에는 주름이 있고
윗면에는 둥근 반점이 나타난다.

수컷 상부속기 길이는
제9~10배마디보다 1.5배 더 길다.

잘록허리왕잠자리
Gynacantha japonica

수컷 상부속기 길이와
제9~10배마디 길이는 거의 같다.

남방잘록허리왕잠자리
Gynacantha basiguttata

측범잠자리과 Gomphidae

등가슴선이 있다.

등가슴선이 없다.

등가슴 줄무늬는 Z자이고
목덜미선과 연결되었다.

등가슴 줄무늬는 1자이고
목덜미선과 분리되었다.

등가슴 줄무늬는 서로 평행하며
목덜미선과 분리되었다.
수컷 상부속기는 ㄷ자로 각졌다.

어리장수잠자리속(1종)
Sieboldius

어리장수잠자리
Sieboldius albardae

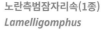

등가슴 줄무늬와 목덜미선은
八자이고 서로 분리되었다.
수컷 상부속기와 하부속기는 길고
갈고리 형태다.

노란측범잠자리속(1종)
Lamelligomphus

노란측범잠자리
Lamelligomphus ringens

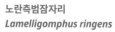

옆가슴 구분선이 굵고 뚜렷하다.
수컷 상부속기는 하부속기보다
2배 더 길고 ㄷ자로 각졌다.
암컷 제10배마디에
노란색 줄무늬가 있다.

고려측범잠자리속
Nihonogomphus

꼬마측범잠자리
Nihonogomphus minor

옆가슴 구분선이 굵고 뚜렷하다.
수컷 상부속기는 하부속기 길이와
거의 같고 八자로 각졌다.
암컷 제10배마디에
노란색 줄무늬가 없다.

어리측범잠자리속(1종)
Shaogomphus

어리측범잠자리
Shaogomphus postocularis

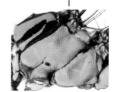

옆가슴 구분선이 가늘고
수컷 하부속기는 두 갈래로 갈라졌다.

측범잠자리속(1종)
Ophiogomphus

측범잠자리
Ophiogomphus obscurus

등가슴 줄무늬와
목덜미선이 서로 분리되었다. ❶

등가슴 줄무늬와 목덜미선이
서로 연결되어 L자 형태다. ❷

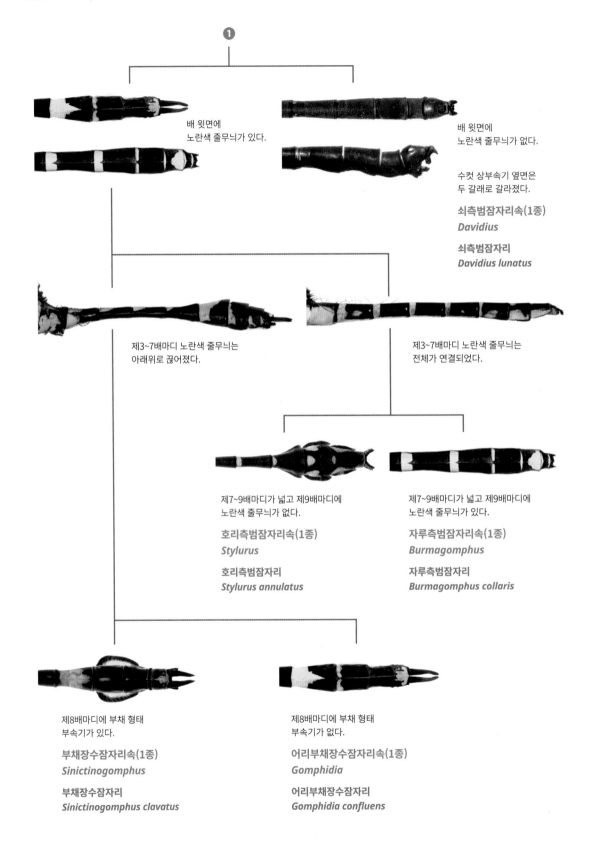

①

배 윗면에
노란색 줄무늬가 있다.

배 윗면에
노란색 줄무늬가 없다.

수컷 상부속기 옆면은
두 갈래로 갈라졌다.

쇠측범잠자리속(1종)
Davidius

쇠측범잠자리
Davidius lunatus

제3~7배마디 노란색 줄무늬는
아래위로 끊어졌다.

제3~7배마디 노란색 줄무늬는
전체가 연결되었다.

제7~9배마디가 넓고 제9배마디에
노란색 줄무늬가 없다.

제7~9배마디가 넓고 제9배마디에
노란색 줄무늬가 있다.

호리측범잠자리속(1종)
Stylurus

자루측범잠자리속(1종)
Burmagomphus

호리측범잠자리
Stylurus annulatus

자루측범잠자리
Burmagomphus collaris

제8배마디에 부채 형태
부속기가 있다.

제8배마디에 부채 형태
부속기가 없다.

부채장수잠자리속(1종)
Sinictinogomphus

어리부채장수잠자리속(1종)
Gomphidia

부채장수잠자리
Sinictinogomphus clavatus

어리부채장수잠자리
Gomphidia confluens

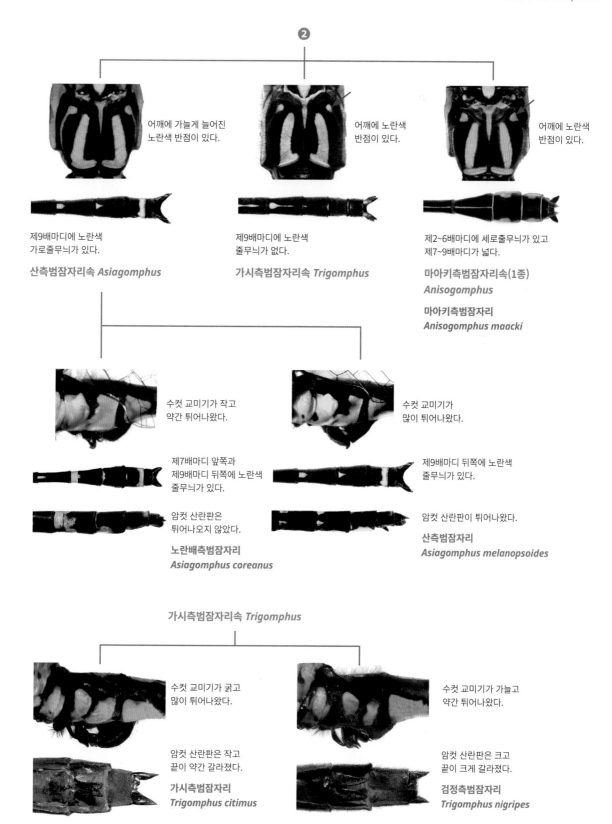

❷

어깨에 가늘게 늘어진
노란색 반점이 있다.

어깨에 노란색
반점이 있다.

어깨에 노란색
반점이 있다.

제9배마디에 노란색
가로줄무늬가 있다.

제9배마디에 노란색
줄무늬가 없다.

제2~6배마디에 세로줄무늬가 있고
제7~9배마디가 넓다.

산측범잠자리속 Asiagomphus

가시측범잠자리속 Trigomphus

마아키측범잠자리속(1종)
Anisogomphus

마아키측범잠자리
Anisogomphus maacki

수컷 교미기가 작고
약간 튀어나왔다.

수컷 교미기가
많이 튀어나왔다.

제7배마디 앞쪽과
제9배마디 뒤쪽에 노란색
줄무늬가 있다.

제9배마디 뒤쪽에 노란색
줄무늬가 있다.

암컷 산란판은
튀어나오지 않았다.

암컷 산란판이 튀어나왔다.

노란배측범잠자리
Asiagomphus coreanus

산측범잠자리
Asiagomphus melanopsoides

가시측범잠자리속 Trigomphus

수컷 교미기가 굵고
많이 튀어나왔다.

수컷 교미기가 가늘고
약간 튀어나왔다.

암컷 산란판은 작고
끝이 약간 갈라졌다.

암컷 산란판은 크고
끝이 크게 갈라졌다.

가시측범잠자리
Trigomphus citimus

검정측범잠자리
Trigomphus nigripes

장수잠자리과 Cordulegastridae

장수잠자리속(1종) *Anotogaster*

두 겹눈이 점 형태로
겹쳐 있다.

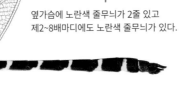

옆가슴에 노란색 줄무늬가 2줄 있고
제2~8배마디에도 노란색 줄무늬가 있다.

암컷 산란판은 매우 길어
마디 끝보다 길다.

장수잠자리
Anotogaster sieboldii

독수리잠자리과 Chlorogomphidae

독수리잠자리속(1종) *Chlorogomphus*

두 겹눈이 떨어졌다.

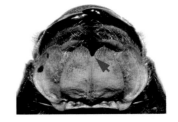

아랫입술 가운데가 갈라졌다.

채집하지 못함

암컷 뒷날개는 매우 넓고
전체적으로 흑갈색이다.

독수리잠자리
Chlorogomphus brunneus

청동잠자리과 Corduliidae

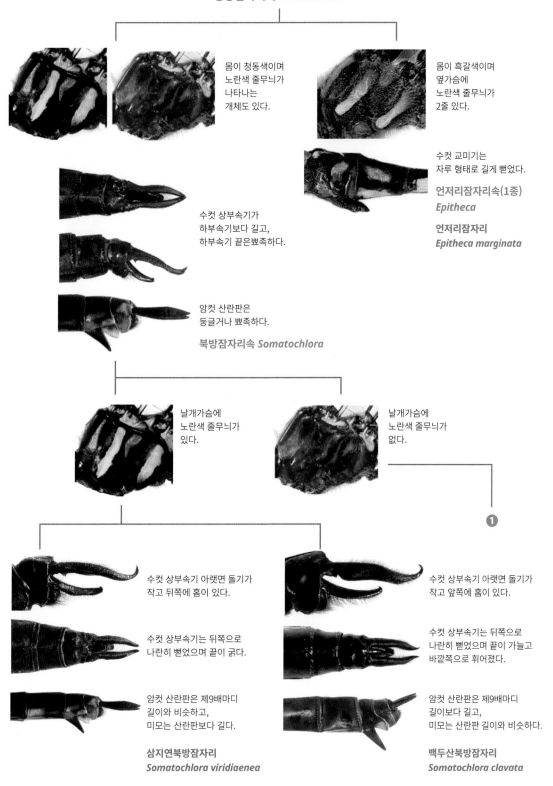

몸이 청동색이며
노란색 줄무늬가
나타나는
개체도 있다.

몸이 흑갈색이며
옆가슴에
노란색 줄무늬가
2줄 있다.

수컷 교미기는
자루 형태로 길게 뻗었다.

언저리잠자리속(1종)
Epitheca

언저리잠자리
Epitheca marginata

수컷 상부속기가
하부속기보다 길고,
하부속기 끝은뽀족하다.

암컷 산란판은
둥글거나 뽀족하다.

북방잠자리속 *Somatochlora*

날개가슴에
노란색 줄무늬가
있다.

날개가슴에
노란색 줄무늬가
없다.

❶

수컷 상부속기 아랫면 돌기가
작고 뒤쪽에 홈이 있다.

수컷 상부속기 아랫면 돌기가
작고 앞쪽에 홈이 있다.

수컷 상부속기는 뒤쪽으로
나란히 뻗었으며 끝이 굵다.

수컷 상부속기는 뒤쪽으로
나란히 뻗었으며 끝이 가늘고
바깥쪽으로 휘어졌다.

암컷 산란판은 제9배마디
길이와 비슷하고,
미모는 산란판보다 길다.

암컷 산란판은 제9배마디
길이보다 길고,
미모는 산란판 길이와 비슷하다.

삼지연북방잠자리
Somatochlora viridiaenea

백두산북방잠자리
Somatochlora clavata

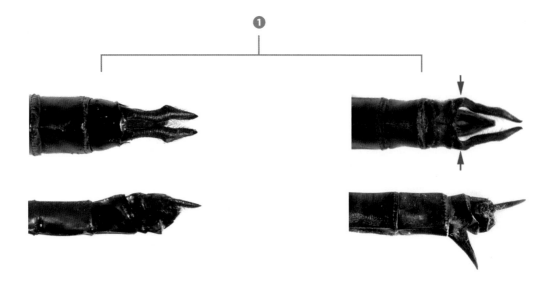

수컷 상부속기는 가늘고
끝은 집게처럼 갈라졌다.

암컷 산란판은 매우 짧아
옆에서 보면 거의 티가 나지 않는다.

밀노란잠자리
Somatochlora graeseri

수컷 상부속기는 넓고
끝으로 갈수록 좁아진다.

암컷 산란판은 매우 길어
제9, 10배마디 길이와 비슷하다.

참북방잠자리
Somatochlora metallica

잔산잠자리과 Macromiidae

얼굴에 굵고
흰 줄무늬가 1줄 있다.

잔산잠자리속
Macromia

얼굴에 굵고
흰 줄무늬가 2줄 있다.

제7배마디 앞쪽과
제10배마디에
노란색 무늬가 있다.

산잠자리속(1종)
Epophthalmia

산잠자리
Epophthalmia elegans

제3배마디에 있는
노란색 무늬는
아래위가 모두 연결되었다.

제3배마디에 있는
노란색 무늬는
아래위가 대각선 방향으로
분리되었다.

노란잔산잠자리
Macromia daimoji

제4~8배마디 옆면에 있는
노란색 줄무늬가
아래위로 분리되었다.

잔산잠자리
Macromia amphigena

제4~8배마디 옆면에 있는
노란색 줄무늬가
아래위로 연결되었다.

만주잔산잠자리
Macromia manchurica

잠자리과 Libellulidae

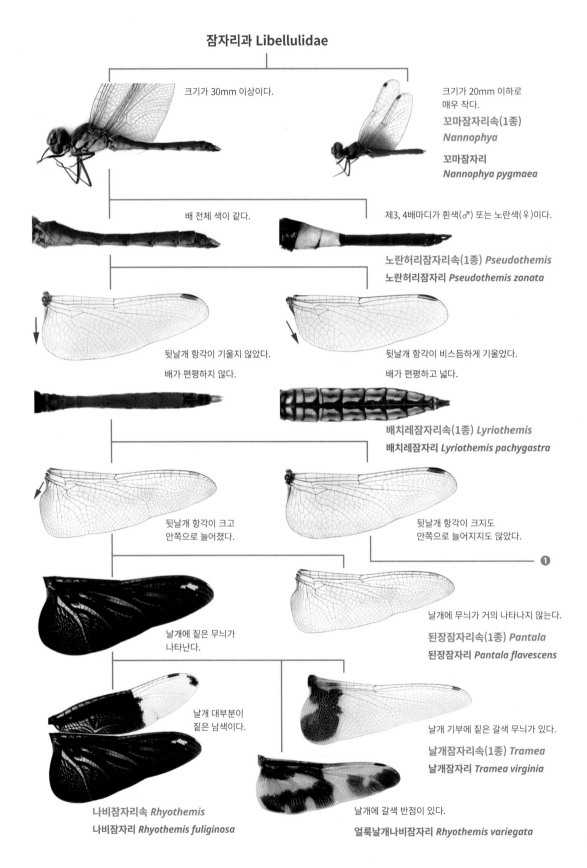

크기가 30mm 이상이다.

크기가 20mm 이하로 매우 작다.
꼬마잠자리속(1종) *Nannophya*
꼬마잠자리 *Nannophya pygmaea*

배 전체 색이 같다.

제3, 4배마디가 흰색(♂) 또는 노란색(우)이다.
노란허리잠자리속(1종) *Pseudothemis*
노란허리잠자리 *Pseudothemis zonata*

뒷날개 항각이 기울지 않았다.
배가 편평하지 않다.

뒷날개 항각이 비스듬하게 기울었다.
배가 편평하고 넓다.
배치레잠자리속(1종) *Lyriothemis*
배치레잠자리 *Lyriothemis pachygastra*

뒷날개 항각이 크고 안쪽으로 늘어졌다.

뒷날개 항각이 크지도 안쪽으로 늘어지지도 않았다.

❶

날개에 무늬가 거의 나타나지 않는다.
된장잠자리속(1종) *Pantala*
된장잠자리 *Pantala flavescens*

날개에 짙은 무늬가 나타난다.

날개 대부분이 짙은 남색이다.

날개 기부에 짙은 갈색 무늬가 있다.
날개잠자리속(1종) *Tramea*
날개잠자리 *Tramea virginia*

나비잠자리속 *Rhyothemis*
나비잠자리 *Rhyothemis fuliginosa*

날개에 갈색 반점이 있다.
얼룩날개나비잠자리 *Rhyothemis variegata*

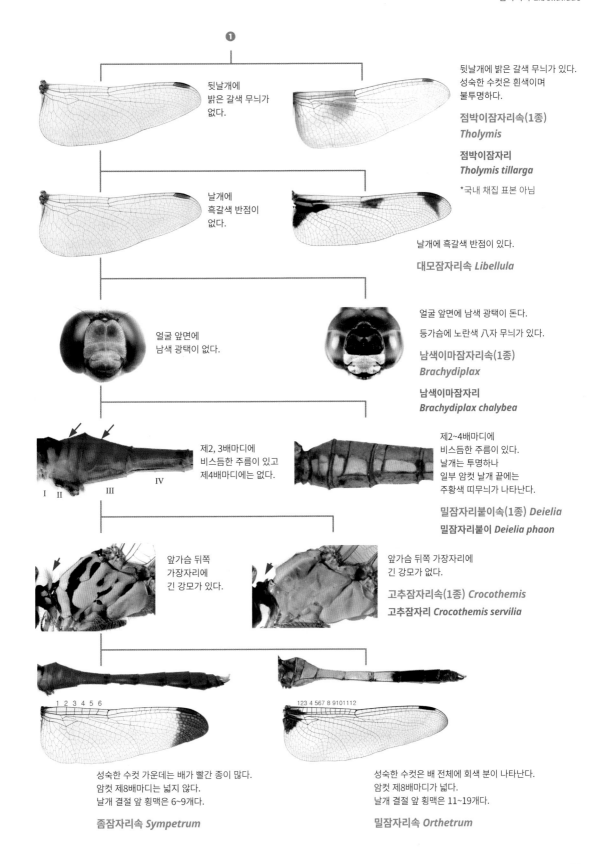

①

뒷날개에 밝은 갈색 무늬가 없다.

뒷날개에 밝은 갈색 무늬가 있다. 성숙한 수컷은 흰색이며 불투명하다.

점박이잠자리속(1종)
Tholymis

점박이잠자리
Tholymis tillarga

*국내 채집 표본 아님

날개에 흑갈색 반점이 없다.

날개에 흑갈색 반점이 있다.

대모잠자리속 *Libellula*

얼굴 앞면에 남색 광택이 없다.

얼굴 앞면에 남색 광택이 돈다. 등가슴에 노란색 八자 무늬가 있다.

남색이마잠자리속(1종)
Brachydiplax

남색이마잠자리
Brachydiplax chalybea

제2, 3배마디에 비스듬한 주름이 있고 제4배마디에는 없다.

I II III IV

제2~4배마디에 비스듬한 주름이 있다. 날개는 투명하나 일부 암컷 날개 끝에는 주황색 띠무늬가 나타난다.

밀잠자리붙이속(1종) *Deielia*
밀잠자리붙이 *Deielia phaon*

앞가슴 뒤쪽 가장자리에 긴 강모가 있다.

앞가슴 뒤쪽 가장자리에 긴 강모가 없다.

고추잠자리속(1종) *Crocothemis*
고추잠자리 *Crocothemis servilia*

1 2 3 4 5 6

123 4 567 8 9101112

성숙한 수컷 가운데는 배가 빨간 종이 많다.
암컷 제8배마디는 넓지 않다.
날개 결절 앞 횡맥은 6~9개다.

좀잠자리속 *Sympetrum*

성숙한 수컷은 배 전체에 회색 분이 나타난다.
암컷 제8배마디가 넓다.
날개 결절 앞 횡맥은 11~19개다.

밀잠자리속 *Orthetrum*

대모잠자리속 *Libellula*

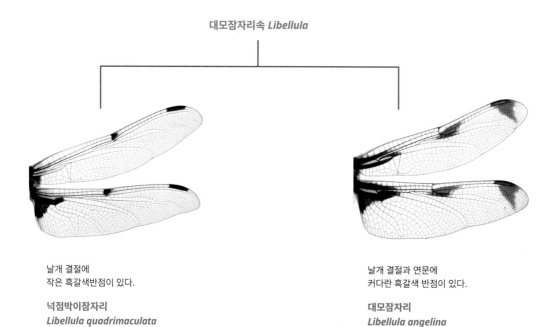

날개 결절에
작은 흑갈색반점이 있다.

넉점박이잠자리
Libellula quadrimaculata

날개 결절과 연문에
커다란 흑갈색 반점이 있다.

대모잠자리
Libellula angelina

밀잠자리속 *Orthetrum*

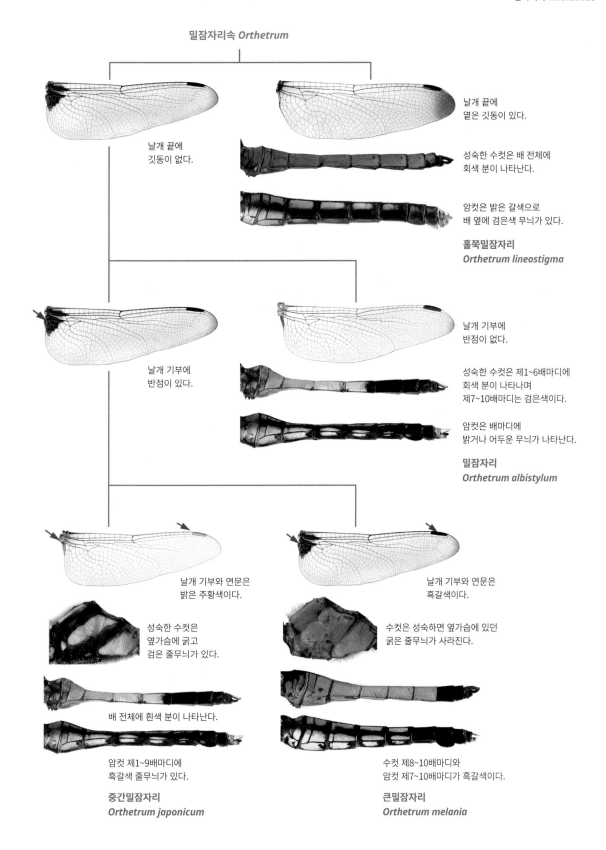

날개 끝에
깃동이 없다.

날개 끝에
옅은 깃동이 있다.

성숙한 수컷은 배 전체에
회색 분이 나타난다.

암컷은 밝은 갈색으로
배 옆에 검은색 무늬가 있다.

홀쭉밀잠자리
Orthetrum lineostigma

날개 기부에
반점이 있다.

날개 기부에
반점이 없다.

성숙한 수컷은 제1~6배마디에
회색 분이 나타나며
제7~10배마디는 검은색이다.

암컷은 배마디에
밝거나 어두운 무늬가 나타난다.

밀잠자리
Orthetrum albistylum

날개 기부와 연문은
밝은 주황색이다.

성숙한 수컷은
옆가슴에 굵고
검은 줄무늬가 있다.

배 전체에 흰색 분이 나타난다.

암컷 제1~9배마디에
흑갈색 줄무늬가 있다.

중간밀잠자리
Orthetrum japonicum

날개 기부와 연문은
흑갈색이다.

수컷은 성숙하면 옆가슴에 있던
굵은 줄무늬가 사라진다.

수컷 제8~10배마디와
암컷 제7~10배마디가 흑갈색이다.

큰밀잠자리
Orthetrum melania

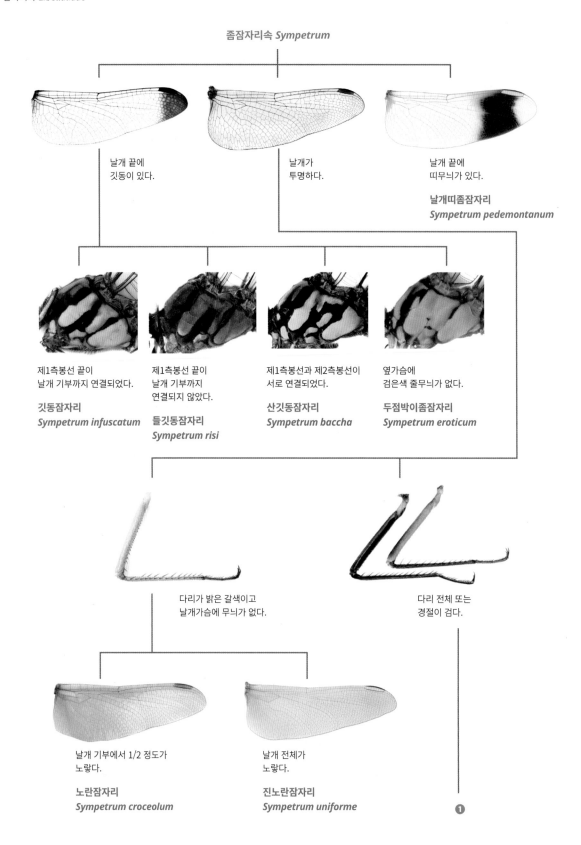

좀잠자리속 Sympetrum

날개 끝에
깃동이 있다.

날개가
투명하다.

날개 끝에
띠무늬가 있다.

날개띠좀잠자리
Sympetrum pedemontanum

제1측봉선 끝이
날개 기부까지 연결되었다.

깃동잠자리
Sympetrum infuscatum

제1측봉선 끝이
날개 기부까지
연결되지 않았다.

들깃동잠자리
Sympetrum risi

제1측봉선과 제2측봉선이
서로 연결되었다.

산깃동잠자리
Sympetrum baccha

옆가슴에
검은색 줄무늬가 없다.

두점박이좀잠자리
Sympetrum eroticum

다리가 밝은 갈색이고
날개가슴에 무늬가 없다.

다리 전체 또는
경절이 검다.

날개 기부에서 1/2 정도가
노랗다.

노란잠자리
Sympetrum croceolum

날개 전체가
노랗다.

진노란잠자리
Sympetrum uniforme

❶

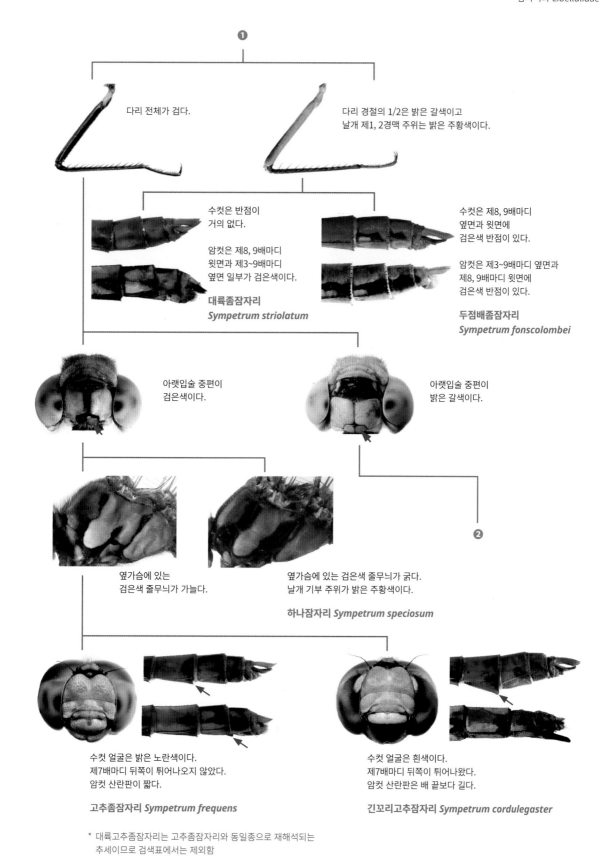

❶

다리 전체가 검다.

다리 경절의 1/2은 밝은 갈색이고
날개 제1, 2경맥 주위는 밝은 주황색이다.

수컷은 반점이
거의 없다.

암컷은 제8, 9배마디
윗면과 제3~9배마디
옆면 일부가 검은색이다.

대륙좀잠자리
Sympetrum striolatum

수컷은 제8, 9배마디
옆면과 윗면에
검은색 반점이 있다.

암컷은 제3~9배마디 옆면과
제8, 9배마디 윗면에
검은색 반점이 있다.

두점배좀잠자리
Sympetrum fonscolombei

아랫입술 중편이
검은색이다.

아랫입술 중편이
밝은 갈색이다.

❷

옆가슴에 있는
검은색 줄무늬가 가늘다.

옆가슴에 있는 검은색 줄무늬가 굵다.
날개 기부 주위가 밝은 주황색이다.

하나잠자리 *Sympetrum speciosum*

수컷 얼굴은 밝은 노란색이다.
제7배마디 뒤쪽이 튀어나오지 않았다.
암컷 산란판이 짧다.

고추좀잠자리 *Sympetrum frequens*

수컷 얼굴은 흰색이다.
제7배마디 뒤쪽이 튀어나왔다.
암컷 산란판은 배 끝보다 길다.

긴꼬리고추잠자리 *Sympetrum cordulegaster*

* 대륙고추좀잠자리는 고추좀잠자리와 동일종으로 재해석되는
추세이므로 검색표에서는 제외함

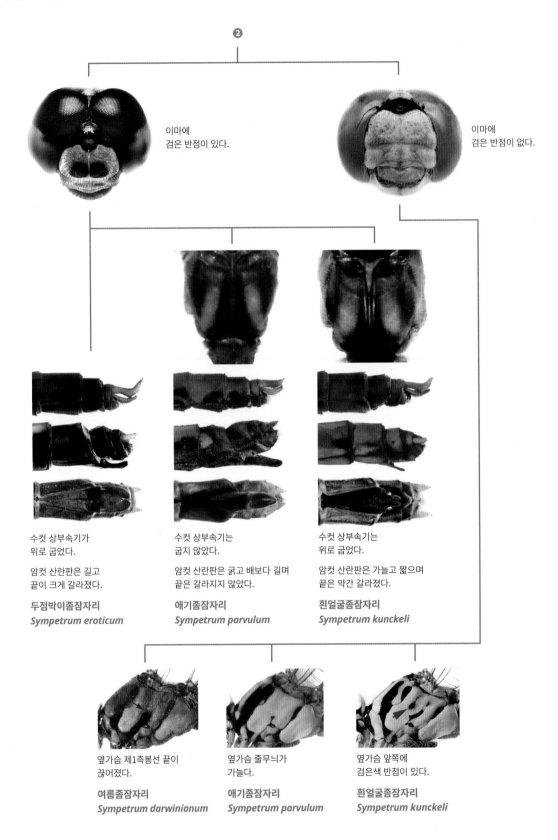

❷

이마에
검은 반점이 있다.

이마에
검은 반점이 없다.

수컷 상부속기가
위로 굽었다.

암컷 산란판은 길고
끝이 크게 갈라졌다.

두점박이좀잠자리
Sympetrum eroticum

수컷 상부속기는
굽지 않았다.

암컷 산란판은 굵고 배보다 길며
끝은 갈라지지 않았다.

애기좀잠자리
Sympetrum parvulum

수컷 상부속기는
위로 굽었다.

암컷 산란판은 가늘고 짧으며
끝은 약간 갈라졌다.

흰얼굴좀잠자리
Sympetrum kunckeli

옆가슴 제1측봉선 끝이
끊어졌다.

여름좀잠자리
Sympetrum darwinianum

옆가슴 줄무늬가
가늘다.

애기좀잠자리
Sympetrum parvulum

옆가슴 앞쪽에
검은색 반점이 있다.

흰얼굴좀잠자리
Sympetrum kunckeli

표본 목록

Plate

검은물잠자리
Atrocalopteryx atrata

♂

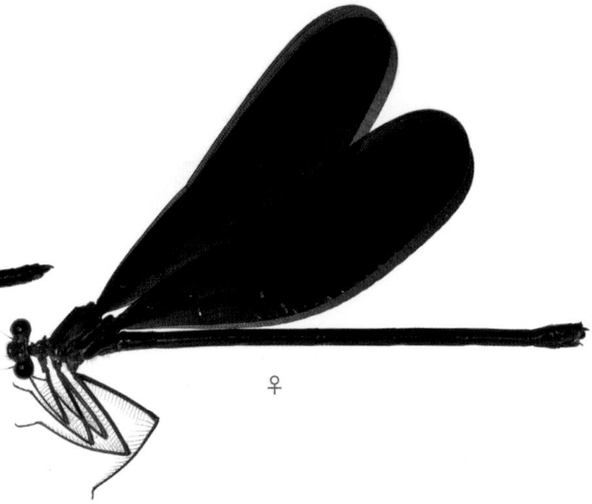

♀

물잠자리
Calopteryx japonica

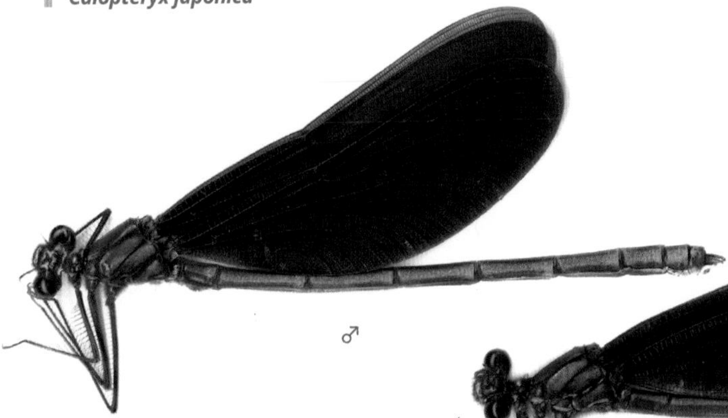

♂

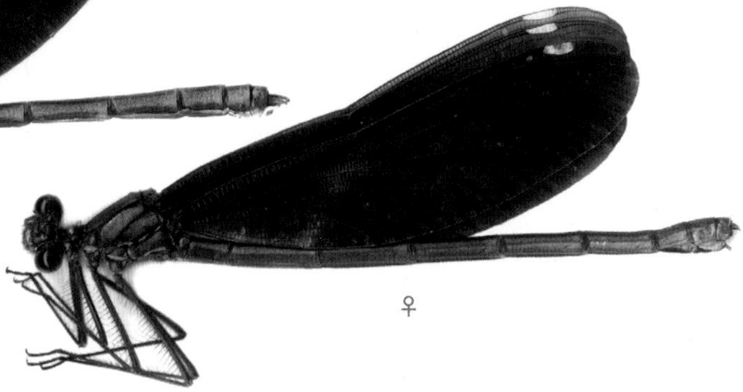

♀

참실잠자리
Coenagrion johanssoni

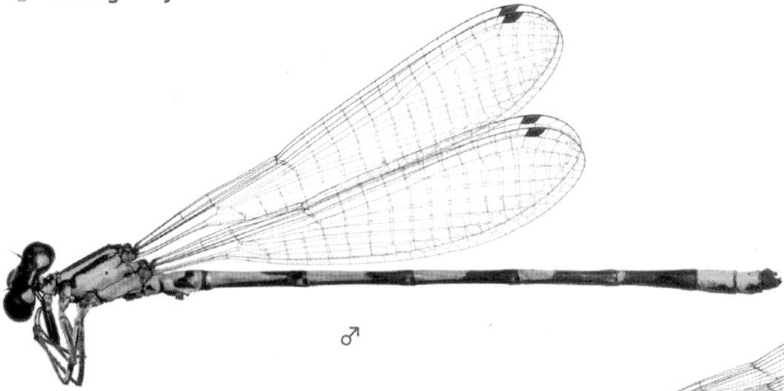

♂

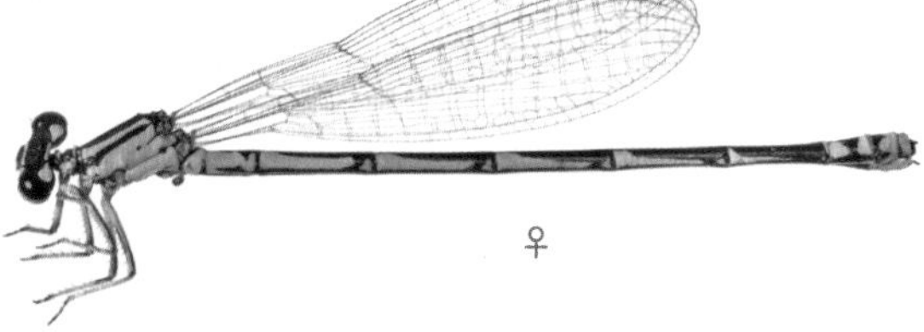

♀

북방실잠자리
Coenagrion lanceolatum

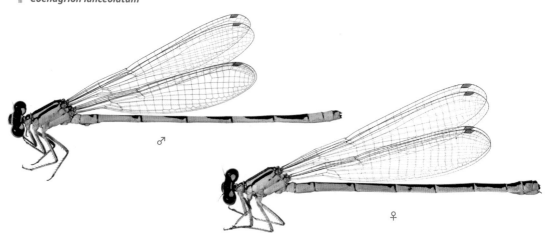

♂

♀

등줄실잠자리
Paracercion hieroglyphicum

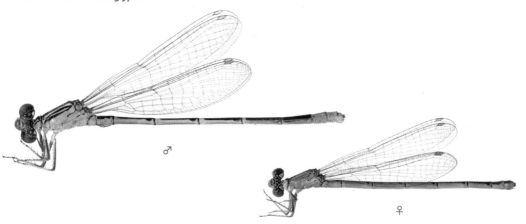

♂

♀

작은등줄실잠자리
Paracercion melanotum

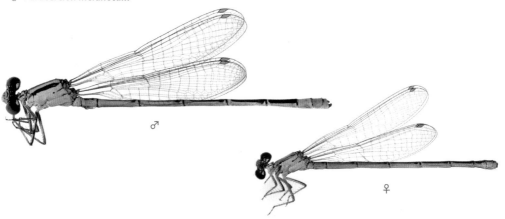

♂

♀

왕등줄실잠자리
Paracercion sieboldii

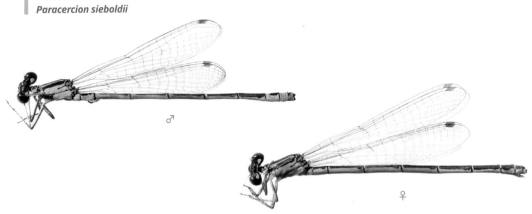

♂

♀

등검은실잠자리
Paracercion calamorum

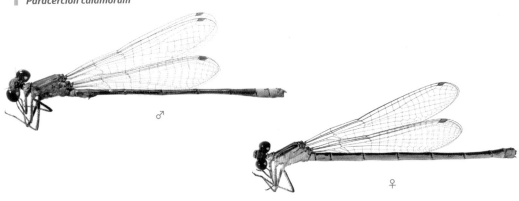

♂

♀

큰등줄실잠자리
Paracercion plagiosum

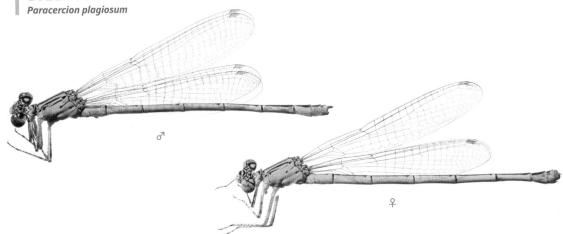

♂

♀

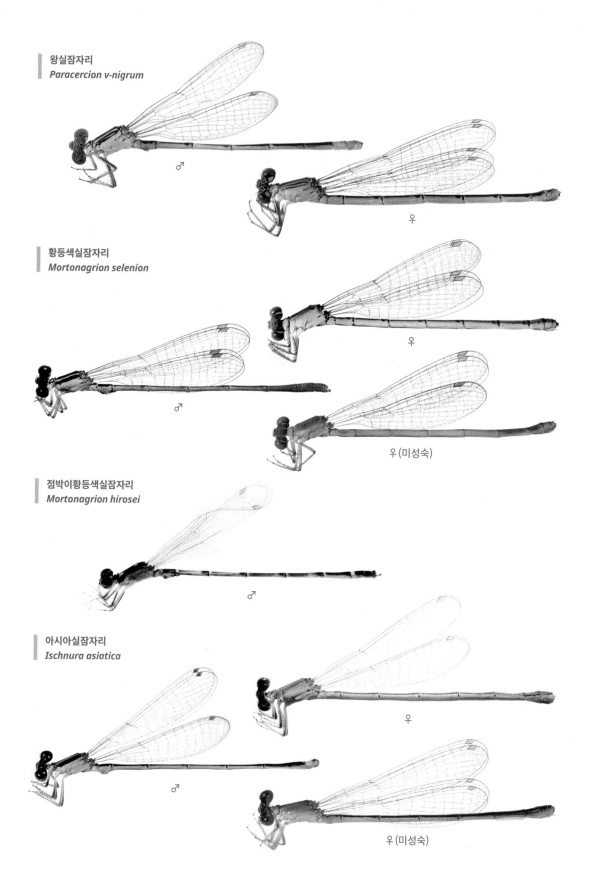

왕실잠자리
Paracercion v-nigrum

♂

우

황등색실잠자리
Mortonagrion selenion

우

♂

우(미성숙)

점박이황등색실잠자리
Mortonagrion hirosei

♂

아시아실잠자리
Ischnura asiatica

우

♂

우(미성숙)

북방아시아실잠자리
Ischnura elegans

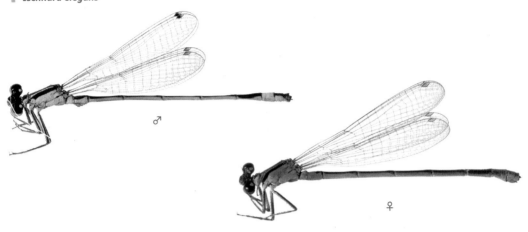

♂

♀

푸른아시아실잠자리
Ischnura senegalensis

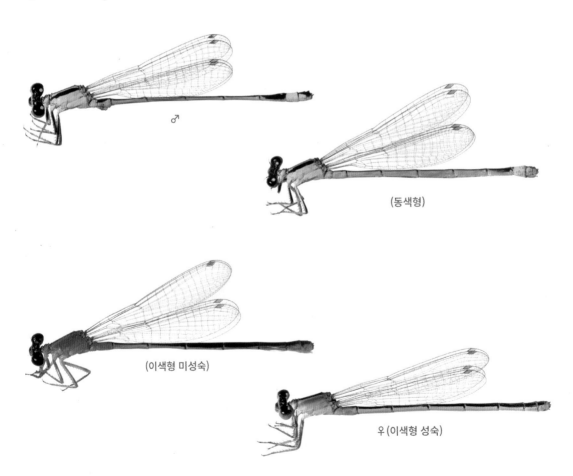

♂

(동색형)

(이색형 미성숙)

우 (이색형 성숙)

작은실잠자리
Aciagrion migratum

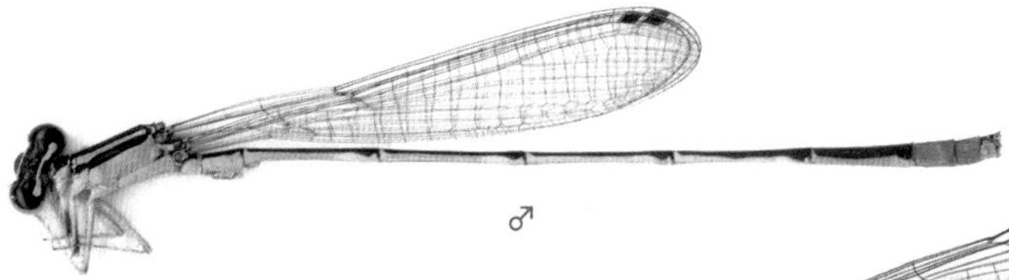

♂

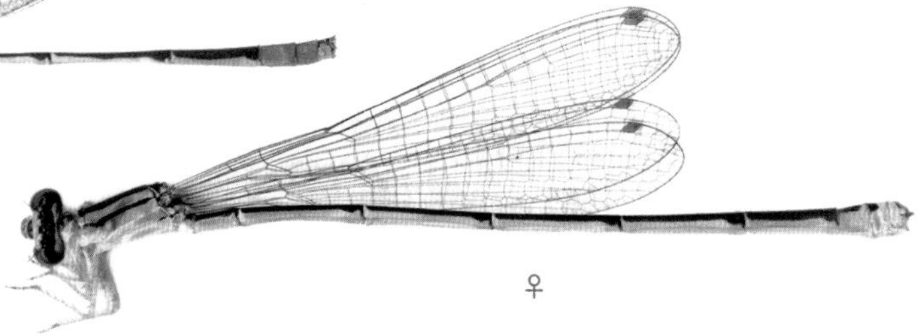

♀

노란실잠자리
Ceriagrion melanurum

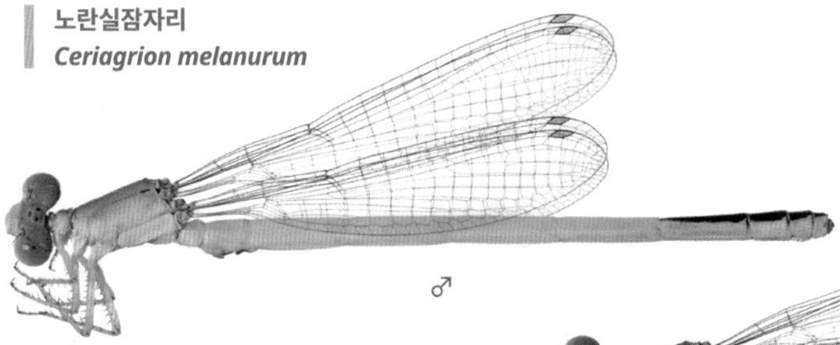

♂

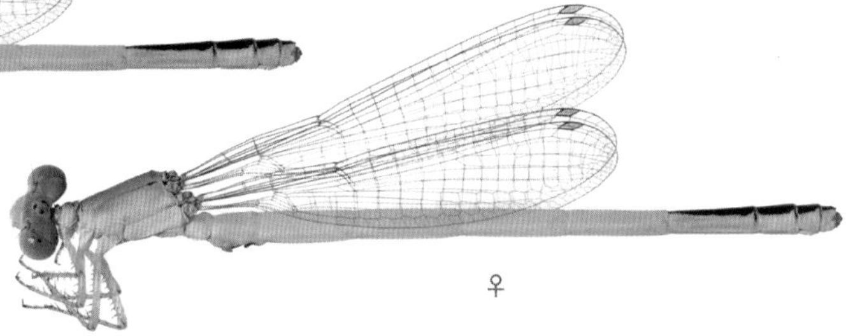

♀

새노란실잠자리
Ceriagrion auranticum

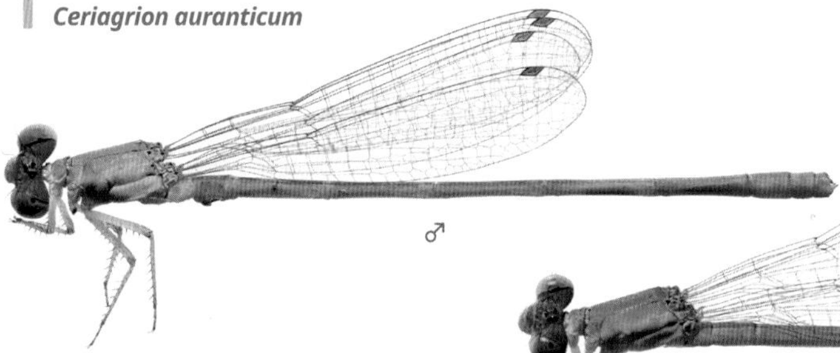

♂

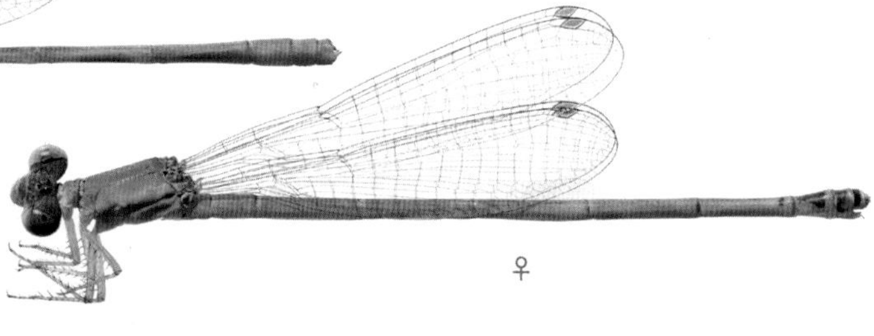

♀

연분홍실잠자리
Ceriagrion nipponicum

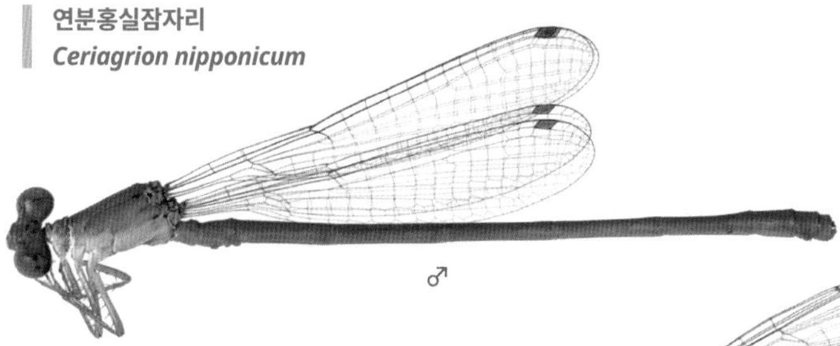

♂

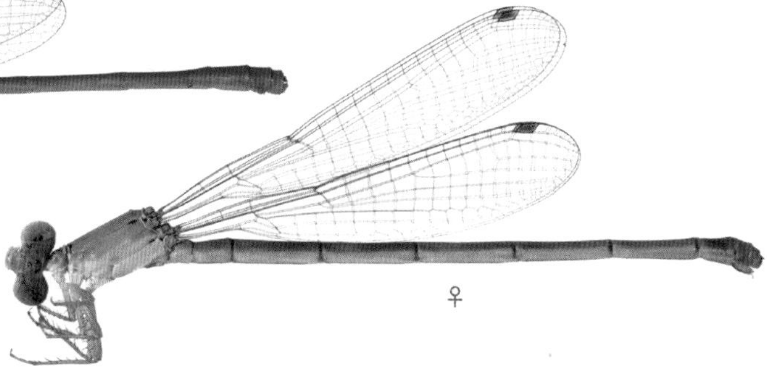

♀

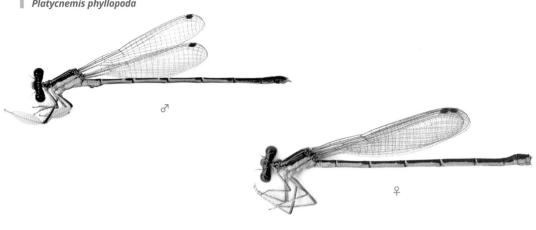

방울실잠자리
Platycnemis phyllopoda

♂

♀

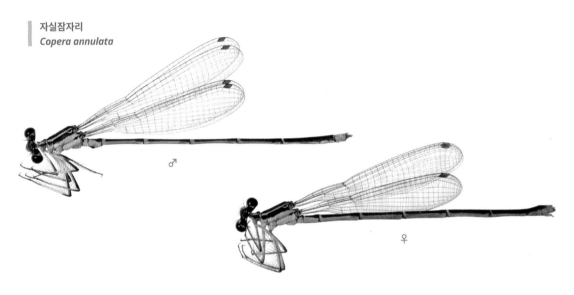

자실잠자리
Copera annulata

♂

♀

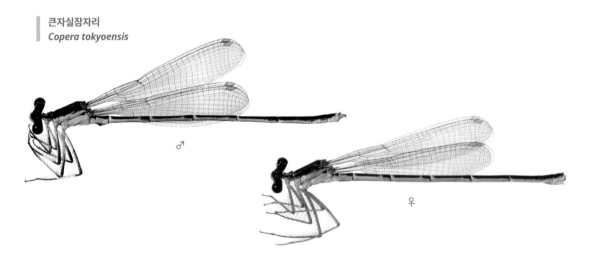

큰자실잠자리
Copera tokyoensis

♂

♀

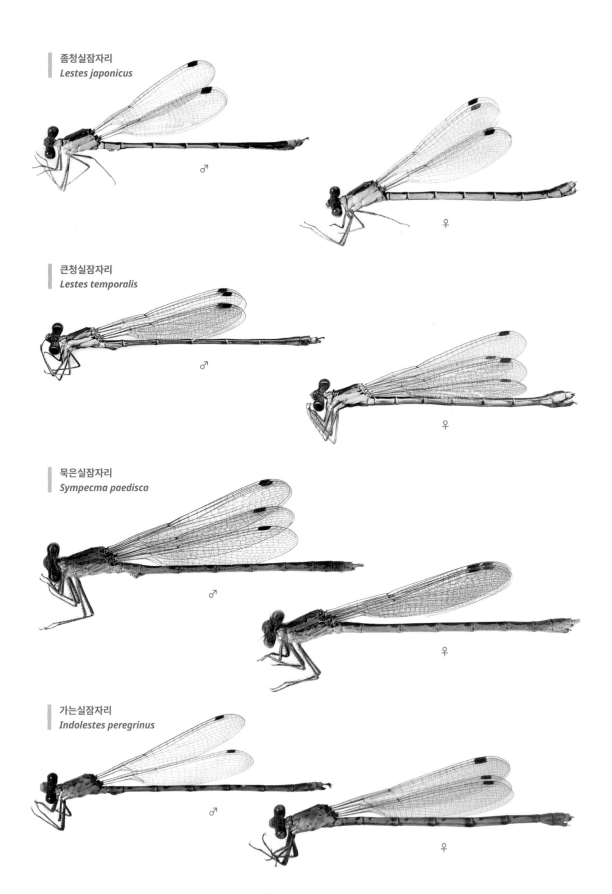

좀청실잠자리
Lestes japonicus

♂

♀

큰청실잠자리
Lestes temporalis

♂

♀

묵은실잠자리
Sympecma paedisca

♂

♀

가는실잠자리
Indolestes peregrinus

♂

♀

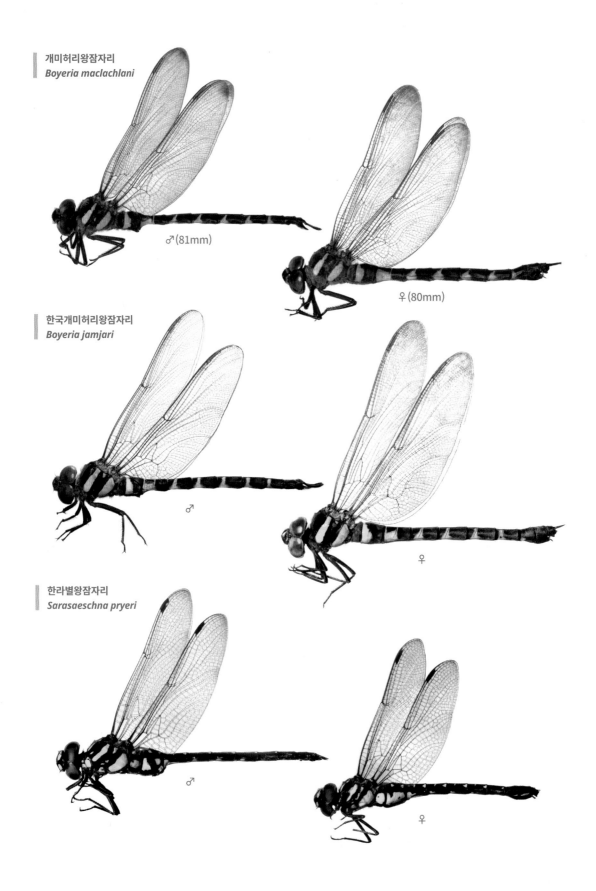

개미허리왕잠자리
Boyeria maclachlani

♂(81mm)

♀(80mm)

한국개미허리왕잠자리
Boyeria jamjari

♂

♀

한라별왕잠자리
Sarasaeschna pryeri

♂

♀

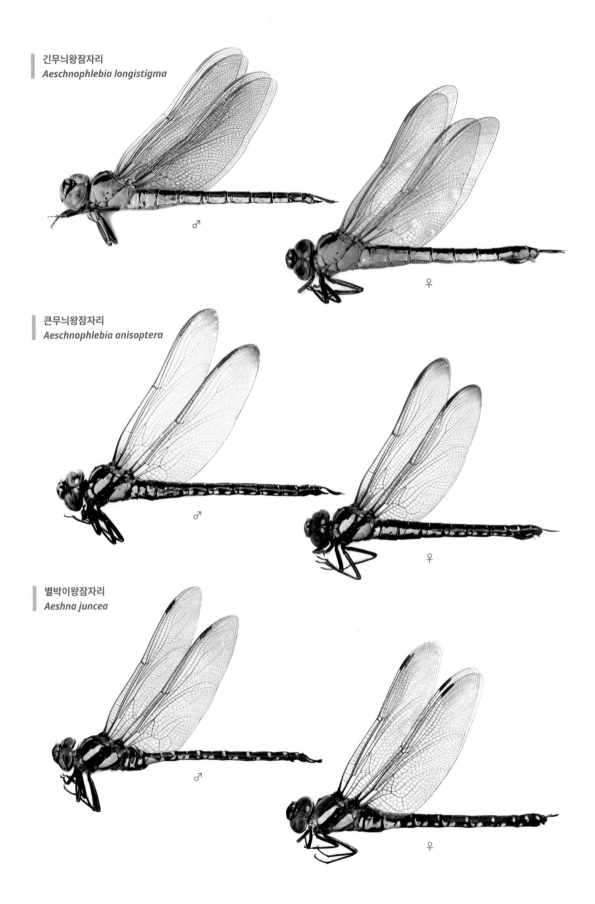

긴무늬왕잠자리
Aeschnophlebia longistigma

♂

♀

큰무늬왕잠자리
Aeschnophlebia anisoptera

♂

♀

별박이왕잠자리
Aeshna juncea

♂

♀

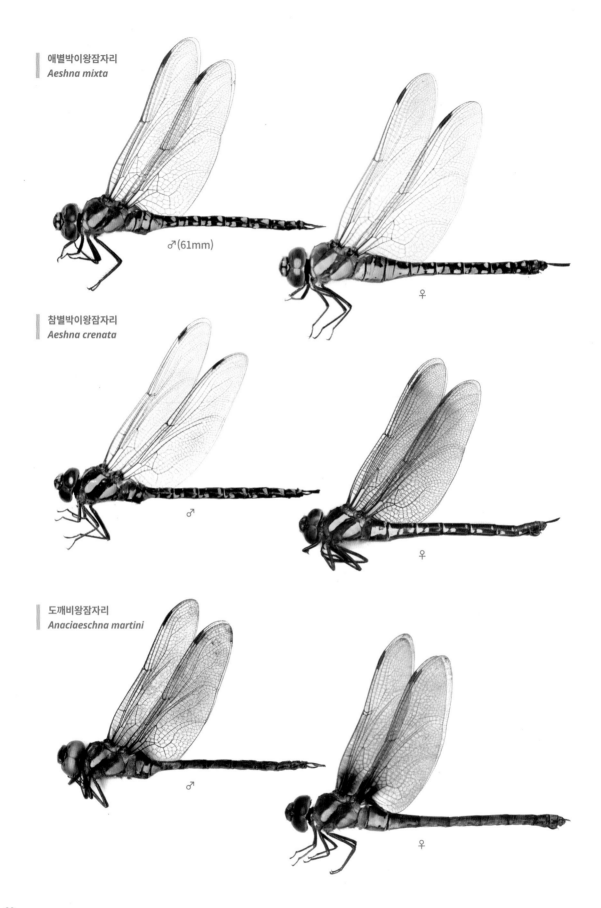

애별박이왕잠자리
Aeshna mixta

♂(61mm)

♀

참별박이왕잠자리
Aeshna crenata

♂

♀

도깨비왕잠자리
Anaciaeschna martini

♂

♀

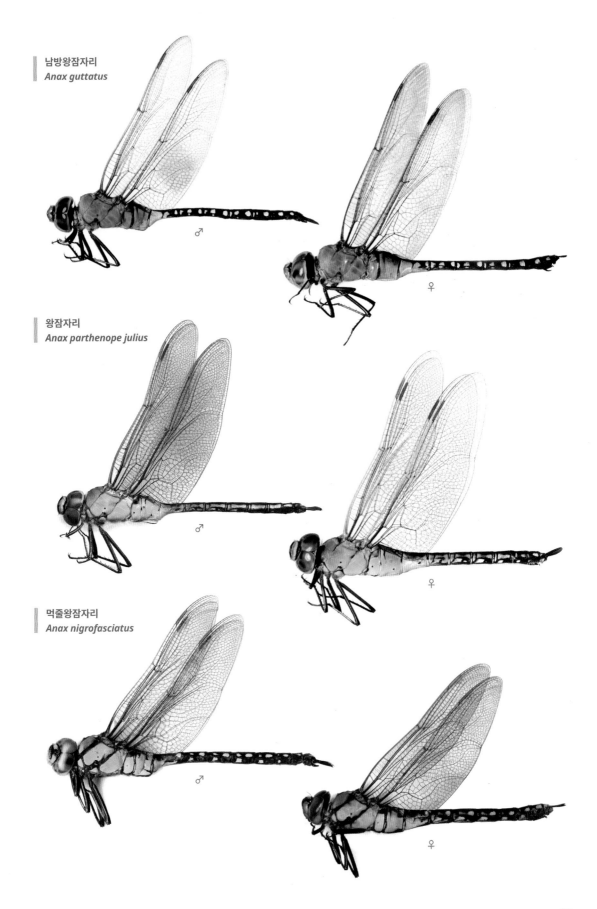

남방왕잠자리
Anax guttatus

♂

♀

왕잠자리
Anax parthenope julius

♂

♀

먹줄왕잠자리
Anax nigrofasciatus

♂

♀

63

황줄왕잠자리
Polycanthagyna melanictera

잘록허리왕잠자리
Gynacantha japonica

남방잘록허리왕잠자리
Gynacantha basiguttata

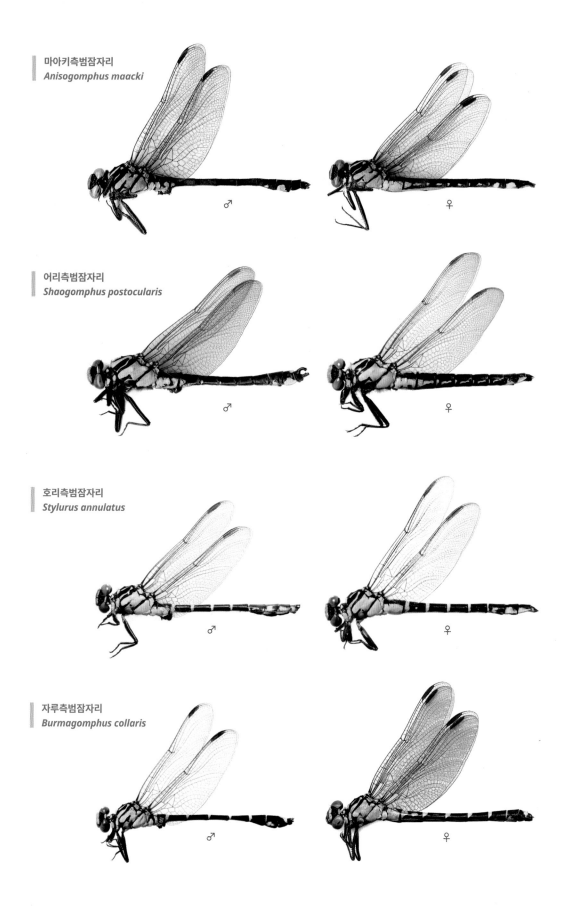

마아키측범잠자리
Anisogomphus maacki

♂

♀

어리측범잠자리
Shaogomphus postocularis

♂

♀

호리측범잠자리
Stylurus annulatus

♂

♀

자루측범잠자리
Burmagomphus collaris

♂

♀

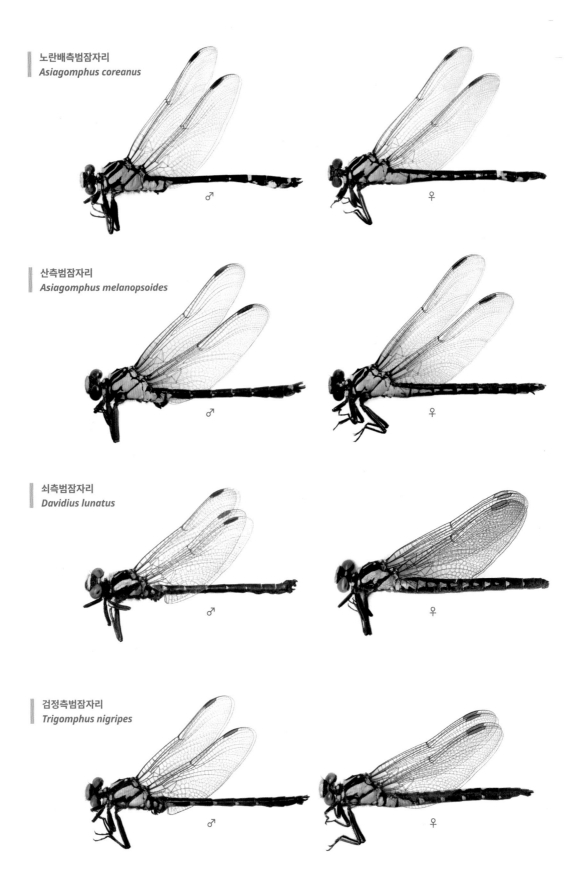

노란배측범잠자리
Asiagomphus coreanus

♂ ♀

산측범잠자리
Asiagomphus melanopsoides

♂ ♀

쇠측범잠자리
Davidius lunatus

♂ ♀

검정측범잠자리
Trigomphus nigripes

♂ ♀

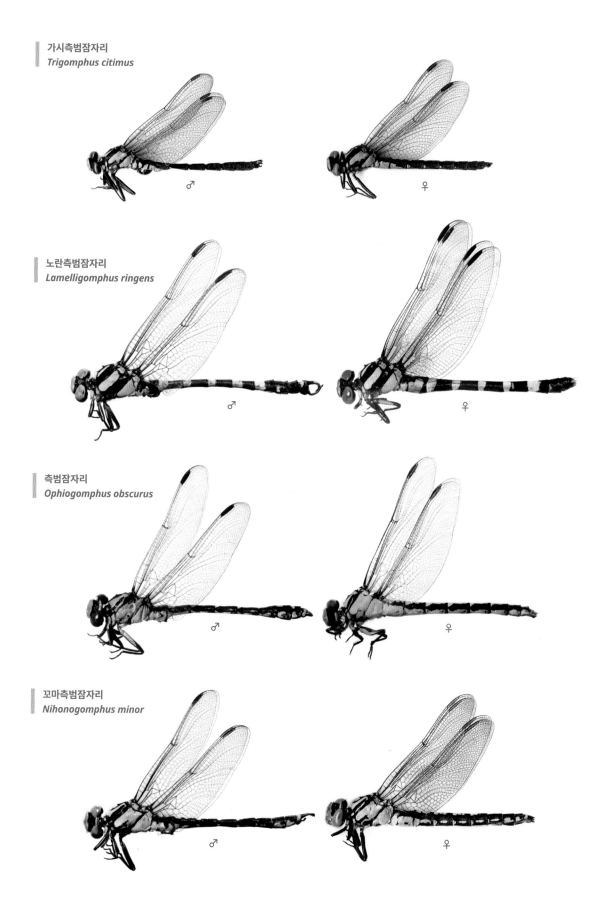

가시측범잠자리
Trigomphus citimus

♂ ♀

노란측범잠자리
Lamelligomphus ringens

♂ ♀

측범잠자리
Ophiogomphus obscurus

♂ ♀

꼬마측범잠자리
Nihonogomphus minor

♂ ♀

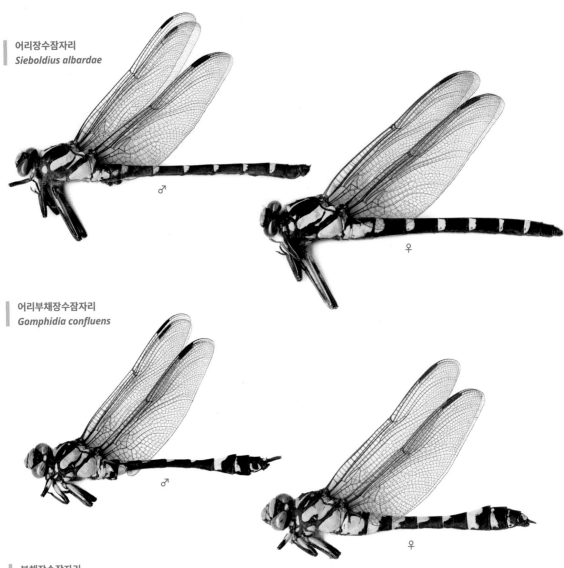

어리장수잠자리
Sieboldius albardae

♂

♀

어리부채장수잠자리
Gomphidia confluens

♂

♀

부채장수잠자리
Sinictinogomphus clavatus

♂

♀

장수잠자리
Anotogaster sieboldii

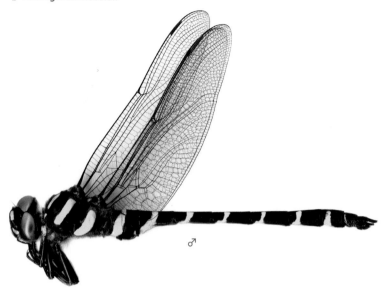

♂

♀

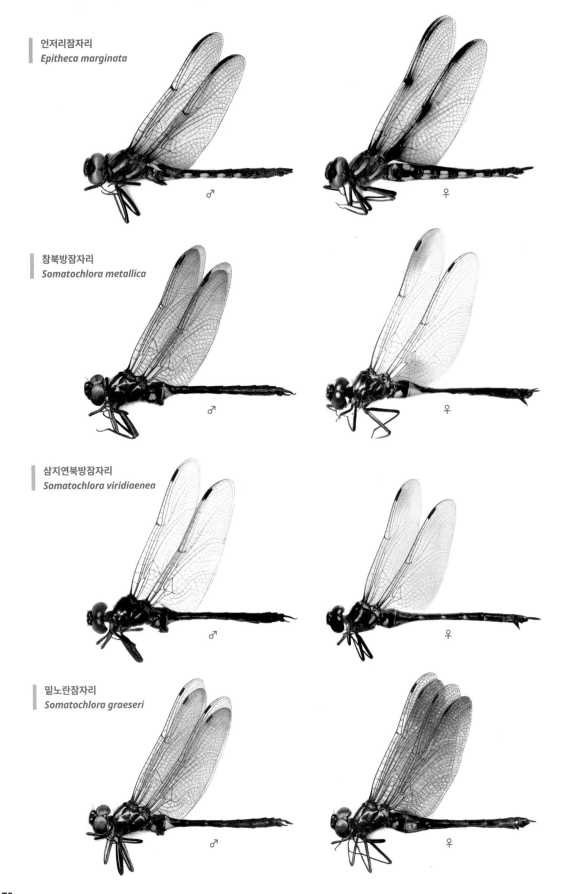

언저리잠자리
Epitheca marginata

♂   ♀

참북방잠자리
Somatochlora metallica

♂   ♀

삼지연북방잠자리
Somatochlora viridiaenea

♂   ♀

밑노란잠자리
Somatochlora graeseri

♂   ♀

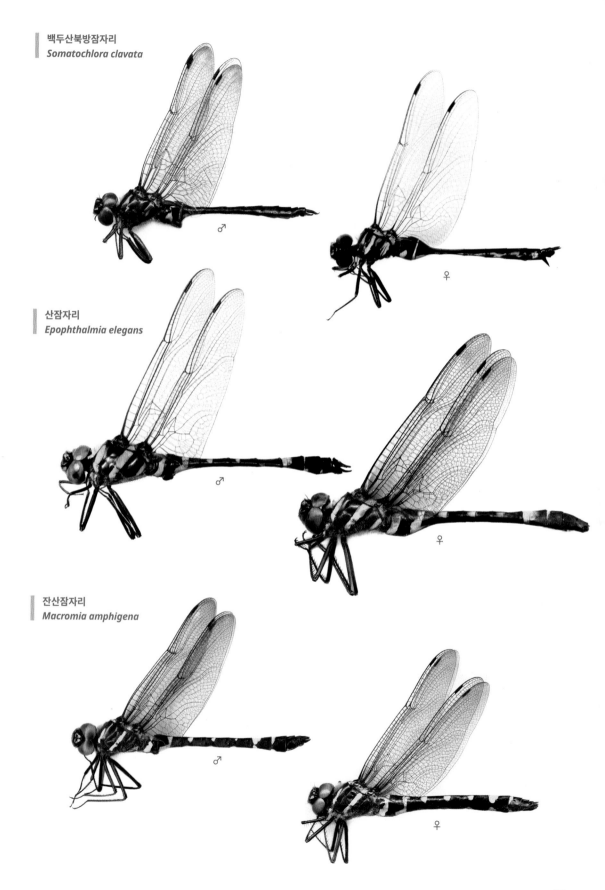

백두산북방잠자리
Somatochlora clavata

산잠자리
Epophthalmia elegans

잔산잠자리
Macromia amphigena

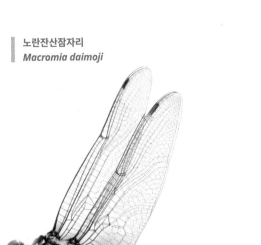

♂

♀

만주잔산잠자리
Macromia manchurica

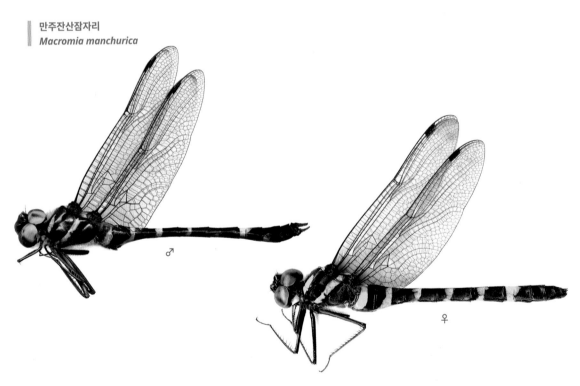

♂

♀

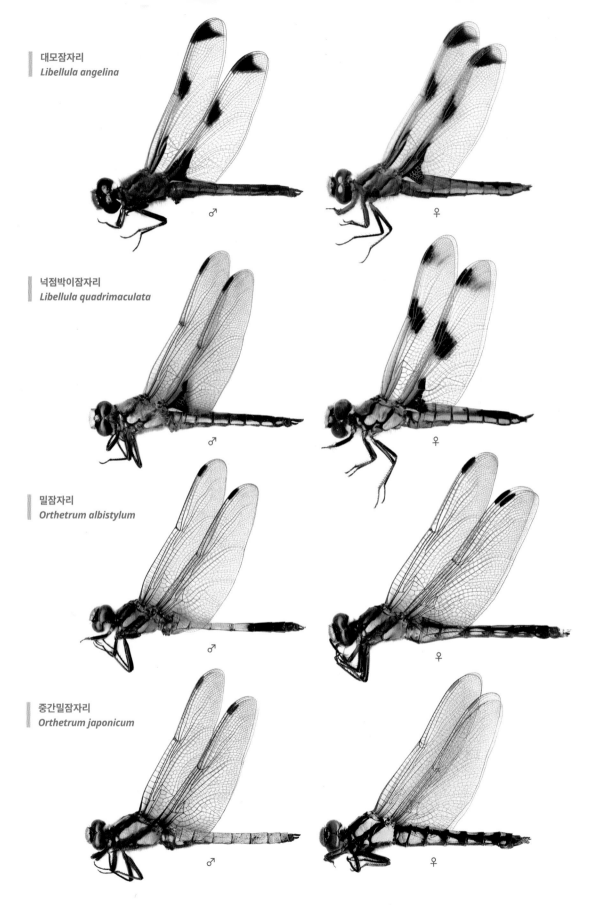

대모잠자리
Libellula angelina

♂   ♀

넉점박이잠자리
Libellula quadrimaculata

♂   ♀

밀잠자리
Orthetrum albistylum

♂   ♀

중간밀잠자리
Orthetrum japonicum

♂   ♀

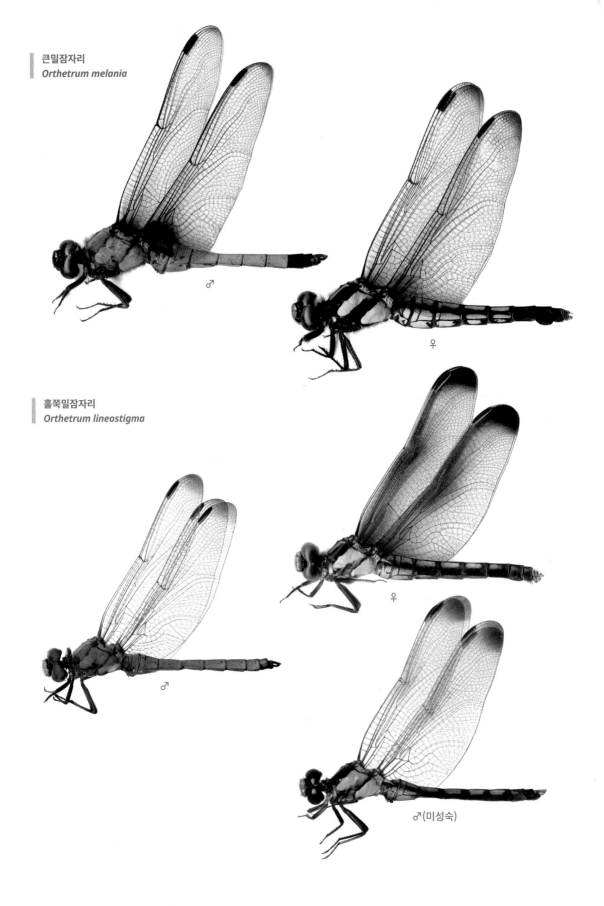

큰밀잠자리
Orthetrum melania

♂

♀

홀쭉밀잠자리
Orthetrum lineostigma

♂

♀

♂(미성숙)

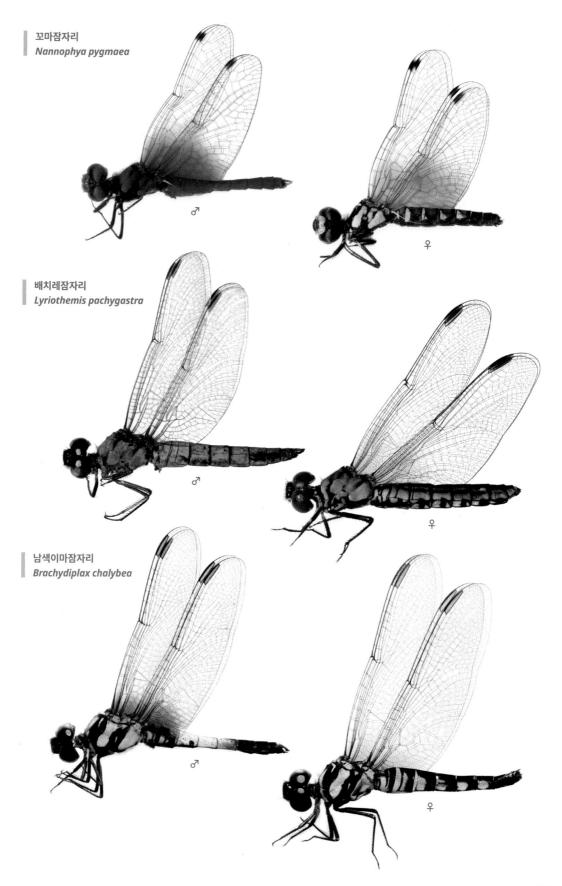

꼬마잠자리
Nannophya pygmaea

♂

♀

배치레잠자리
Lyriothemis pachygastra

♂

♀

남색이마잠자리
Brachydiplax chalybea

♂

♀

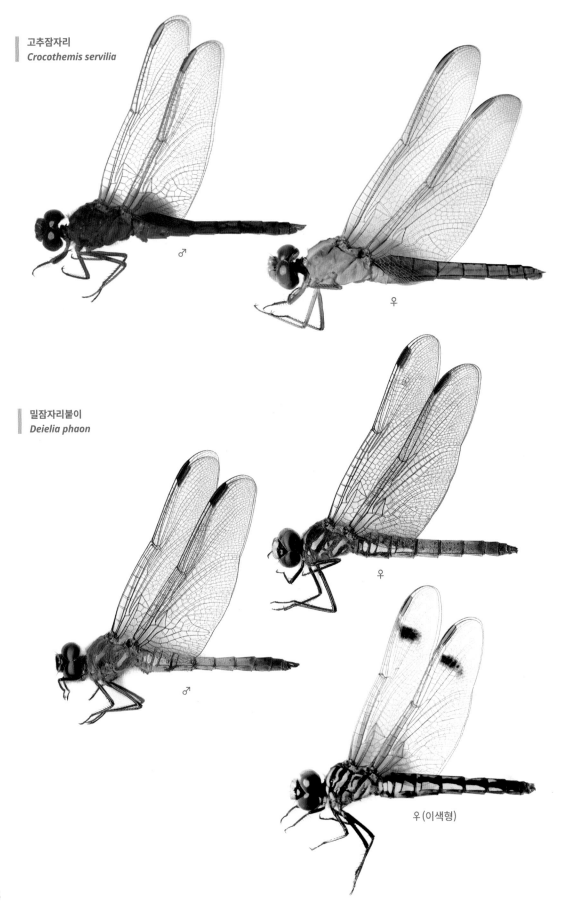

고추잠자리
Crocothemis servilia

♂

♀

밀잠자리붙이
Deielia phaon

♀

♂

우(이색형)

날개띠좀잠자리
Sympetrum pedemontanum

♂

♀

대륙좀잠자리
Sympetrum striolatum

♂(미성숙)

♂

우(미성숙)

여름좀잠자리
Sympetrum darwinianum

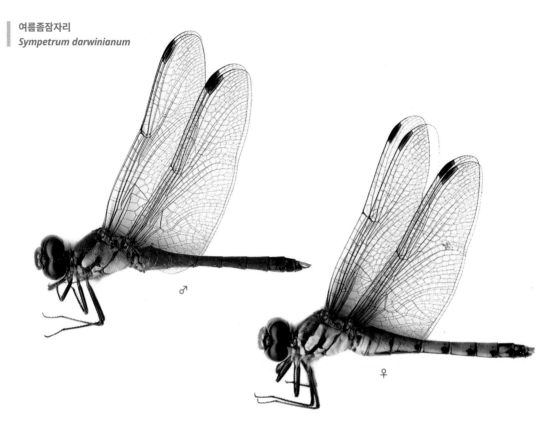

♂

♀

고추좀잠자리
Sympetrum frequens

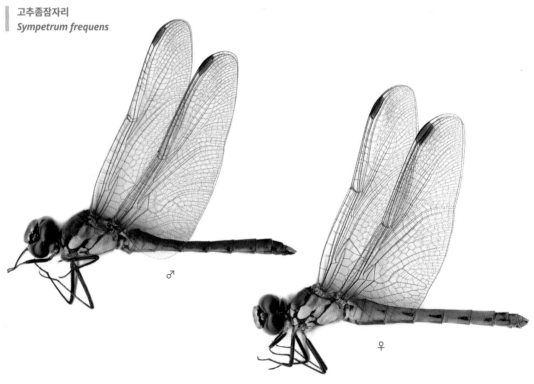

♂

♀

대륙고추좀잠자리
Sympetrum depressiusculum

♂

♀

두점박이좀잠자리
Sympetrum eroticum

♂

♀

♀ (적화형)

노란잠자리
Sympetrum croceolum

♂

♀

진노란잠자리
Sympetrum uniforme

♂

♀

깃동잠자리
Sympetrum infuscatum

산깃동잠자리
Sympetrum baccha

들깃동잠자리
Sympetrum risi

♂

♀

흰얼굴좀잠자리
Sympetrum kunckeli

♀

♂

♂(미성숙)

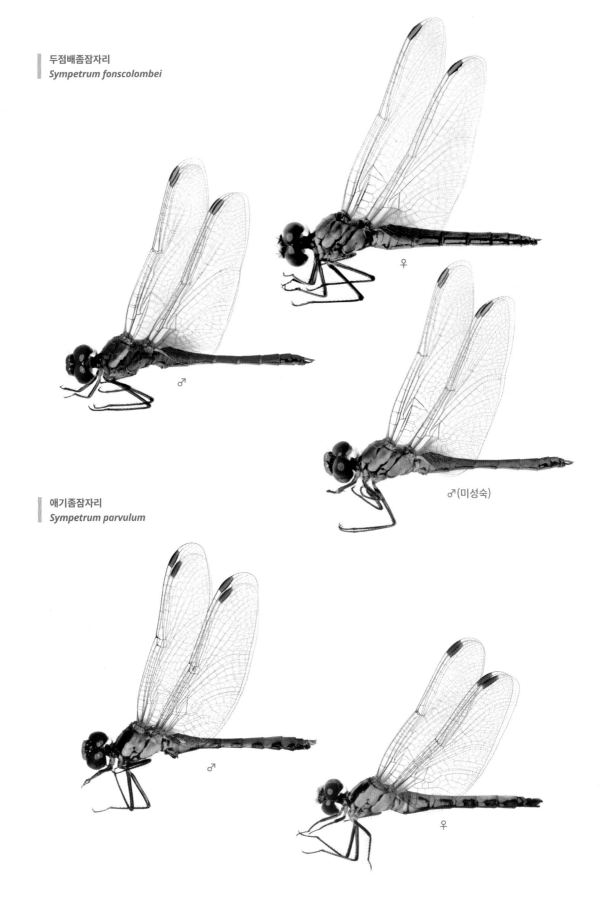

두점배좀잠자리
Sympetrum fonscolombei

♀

♂

♂(미성숙)

애기좀잠자리
Sympetrum parvulum

♂

♀

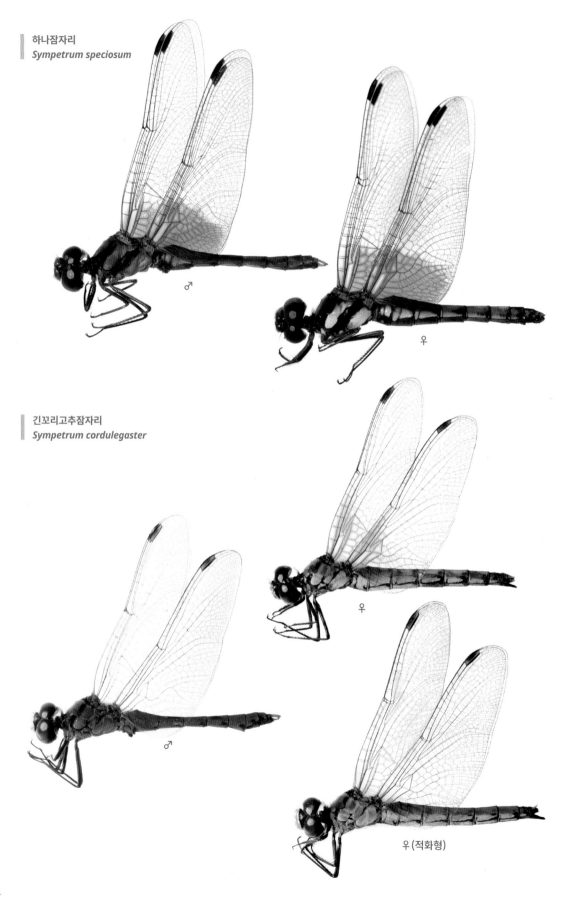

하나잠자리
Sympetrum speciosum

♂

♀

긴꼬리고추잠자리
Sympetrum cordulegaster

♀

♂

우(적화형)

84

날개잠자리
Tramea virginia

♂

♀

된장잠자리
Pantala flavescens

♂

♀

나비잠자리
Rhyothemis fuliginosa

♂

♀

얼룩날개나비잠자리
Rhyothemis variegata

♂

참고문헌
Reference

- Asahina, S., 1989b. The Odonata of Korean peninsula, a summarized review part Ⅱ. Anisoptera 1 (Gomphidae). Gekkan-mushi. 222: 8-13.
- Cho, P. S., 1969. Illustrated encyclopedia of fauna and flora of Korea. Vol. 10, Insecta (II). Ministry of Education of Korea. 817-917.
- Ju, D. R., 1969. Insect checklist. Academy of Science Press, Pyeongyang. (in Korean). 8-9.
- Ju, D. R., 1993. Biota of Baekdusan. Section Animal. Science and Technology Press, Pyeongyang. 250-262.
- Jung, K. S., 2007. Odonata of Korea. Ilgongyuksa, Seoul. 512pp.
- Jung, K. S., 2011. Odonata Larvae of Korea. Nature & Ecology, Academic Series 3, 399pp.
- Jung, K. S., 2012. The Dragonflies and Damselflies of Korea. Nature & Ecology, Checklist of Organisms in Korea 1, 272pp.
- Jung, K. S., 2016. A distributional study and pictorial key of the Odonata (Insecta) from Korea. Andong university doctor's degree. 187pp.
- Kim, S. S., 2009. *Oligoaeschna pryeri* (Martin) (Odonata, Aeshnidae) and *Somatochlora graeseri aureola* Oguma (Odonata, Corduliidae), New to Korea from Jeju island. J. Lepid. Soc. Korea 19: 35-37.
- Kong, D. S., 1988. A Taxonomic Study on the Korean Dragonfly Larvae. Master's Thesis, Korea Univ., Seoul. 195pp.
- Lee, S. M., 2001. The Dragonflies of Korean Peninsula (Odonata). Jeonghangsa, Seoul. 229pp.
- Lee, S. M., 2002. Notes on the Dragonflies of Korean peninsula. J. Korean Biota. 7: 295-297.
- Li, J. K., Andre, N., Xue-Ping, Z., Gunther, F., Mei-Xiang, G., Linlin and Jia, Z., 2011. A third species of the relict family Epiophlebiidae discovered in China (Odonata: Epiproctophora). Systematic Entomology. 1-5.
- Martin, S. and Dennis, P. 2018. World list of Odonata. University of Puget Sound. last revision 14 February 2018.
- Paek, M. K., Hwang, J. M., Jung, K. S., Kim, T. W., Kim, M. C., Lee, Y. J., Cho, Y. B., Park, S. W., Lee, H. S., Ku, D. S., Jeong, J. C., Kim, K. G., Choi, D. S., Shin, E. H., Hwang, J. H., Lee, J. S., Kim, S. S. & Bae, Y. S., 2010. Checklist of Korean insects. Nature & Ecology, Academic Series 2, 27-29.
- Yoon, I. B., Kong, D. S., 1988. Illustrated encyclopedia of fauna and flora of Korea. Vol. 30. Ministry of Environment of Korea, Korea. 185-319.

미기록종 채집 기록
Newly record data Odonata from Korea

점박이황등색실잠자리
Mortonagrion hirosei Asahina, 1972
34°55'03.7"N 127°39'49.0"E
26.v.2016, 1♂, Gwangyang-si, Hwanggil-dong, Jeollanam-do
Y.H Park

남방잘록허리왕잠자리
Gynacantha basiguttata Selys, 1882
33°30'51.5"N 126°43'07.5"E
17.viii.2005, 1♂, DongBaek-dongsan Marsh, Sunheul-ri, Jocheon-eup, Jeju-si, Jeju-do
Park Dong Hwa

얼룩날개나비잠자리
Rhyothemis variegata (Linnaeus, 1763)
33°19'08.1"N 126°11'07.8"E
16.viii.2016, 1♂, Yongsu reservoir, Yongsu-ri, Hangyeong-myeon, Jeju-si, Jeju-do
Ahn Hong Gyun

국명 찾기
Index: Korean name